图文并茂，超级好理解！

写给聪明孩子的前沿科技

揭秘基因重组

图蓝·赛启团队 / 著

图说前沿科技，献给未来的创造者

陕西新华出版·未来出版社
·西安·

图书在版编目（CIP）数据

揭秘基因重组 / 图蓝·赛启团队著. -- 西安：未来出版社，2025.3. --（写给聪明孩子的前沿科技）.
ISBN 978-7-5417-7872-8

Ⅰ. Q343.1-49

中国国家版本馆CIP数据核字第2025T8J174号

写给聪明孩子的前沿科技　揭秘基因重组

图蓝·赛启团队 / 著

出 品 人：李桂珍	策划统筹：高　琳
责任编辑：杨雅晖	营销总监：何华岐
排版制作：北京嘉美和数字传媒科技有限公司	出版发行：未来出版社
社　　址：西安市登高路1388号	电　　话：029-89122633　89120538
邮政编码：710061	经　　销：全国各地新华书店
开　　本：889mm×1194mm　1/16	印　　张：12.25
字　　数：245千字	印　　刷：陕西思维印务有限公司
版　　次：2025年3月第1版	印　　次：2025年3月第1次印刷
书　　号：ISBN 978-7-5417-7872-8	定　　价：46.00元

版权所有 翻版必究（如发现印装质量问题，请与出版社联系调换）

前　言

嗨，亲爱的小读者们！

今天，科学技术正在以前所未有的速度改变着我们的生活。这一切都要归功于那些了不起的科学家们，是他们的孜孜以求，为人类带来了众多的科学发现，创造了无数的科技发明。

《写给聪明孩子的前沿科技》丛书像一张通向未来科技世界的寻宝地图，它将带领我们打开几座特别的科技知识"宝库"。这些前沿的科学技术，不仅让我们开阔眼界，还让我们未来的学习更加游刃有余！

这套科普丛书里分别住着五位聪明、活泼又可爱的卡通小伙伴，在他们的带领下，每一册图书都展现出独特的魅力：《烧脑的量子力学》带领我们进入一个奇妙的微观世界，帮助我们揭开量子力学的神秘面纱；《聪明的人工智能》让我们了解机器如何变得越来越聪明，甚至能和我们人类一起思考问题；《揭秘基因重组》让我们了解基因是如何塑造生命的，基因重组甚至可以改写生物密码；《神奇的脑机接口》让我们了解科技是如何将大脑与机器相连，或许在将来人类会获得"三头六臂"的强大能力；《可持续的新能源》则让我们懂得必须好好保护地球，未来人类到底能依赖哪些绿色能源呢？选择权在你手上。

借此机会，特别感谢为《可持续的新能源》执笔和审稿的黄春生老师，为《烧脑的量子力学》绘图的卡森老师，为《聪明的人工智能》《揭秘基因重组》和《可持续的新能源》绘图的王娜老师，以及为《神奇的脑机接口》绘图的朱梦瑶老师。

在这套科普丛书的出版过程中，还得到了佟畅、元怡骏、马良等很多专家、老师和朋友们的支持和鼓励，在此一并表示感谢，是他们的聪明才智和辛勤努力，才把这些精彩的内容带到我们面前。

预祝小读者们阅读愉快！

图　蓝

2025 年 2 月于北京

目 录

第一篇　基因的秘密
生命从何而来？　　　　　　／ 1
发现遗传因子——基因　　　／ 21
神奇的双螺旋　　　　　　　／ 41
知识延展：发现染色体　　　／ 61

第二篇　给基因动手术
转基因技术　　　　　　　　／ 64
猛犸象还能复活吗？　　　　／ 84
看起来很美好的基因治疗　　／ 104
知识延展：人类基因组计划　／ 124

第三篇　改写生命的密码
什么是基因编辑？　　　　　／ 127
神奇的基因"剪刀"　　　　／ 147
创造生命的奇迹　　　　　　／ 167
知识延展：T细胞　　　　　／ 187

后记　　　　　　　　　　／ 189

小伙伴们,让我们一起走进基因的奇妙世界吧!基因编辑真的能改变生命、造福人类吗?

第一篇　基因的秘密

生命从何而来？

有关生命起源和人类诞生的谜题，在世界各地的神话故事中都有其"神创"的传说。

比如，在中国的上古神话传说中，就有盘古开天辟地后，女娲用泥巴捏出人的故事。

传说中的女娲人首蛇身，捏土造人

古埃及的创世神话则以太阳神为崇拜对象。尽管古代人类分布在不同的地区，却不约而同地萌生了大体相同的创世论调。

古埃及传说中鹰头人身的太阳神

1

基因的秘密

18世纪，英国哲学家**威廉·佩利**举了一个很有名的例子。

> 请想象一下，有一天，你在荒野里发现了一块石头，你的第一反应是什么？你一定会认为这块石头是大自然所造。

> 但是，如果你在荒野里发现了一块怀表，那么你会认为这块怀表只能由钟表匠制造，因为大自然无法制造出这样精密的机械设备。

> 既然大自然不能创造怀表，又凭什么认为大自然会创造出人这样复杂的动物呢？

英国哲学家佩利

于是，佩利用**"钟表匠类比"**来支持神创论。

1859年,《物种起源》一书出版,作者查尔斯·达尔文提出了颠覆人类以往认知的生物进化理论:生物是进化而来的,是自然选择的结果,遵循"物竞天择,适者生存"的自然法则。

英国博物学家达尔文

为了让这一理论更有说服力,达尔文用了不少篇幅详尽论述了人的眼睛也完全可以通过进化产生。眼睛一直被认为是人体中最为精密复杂的器官。

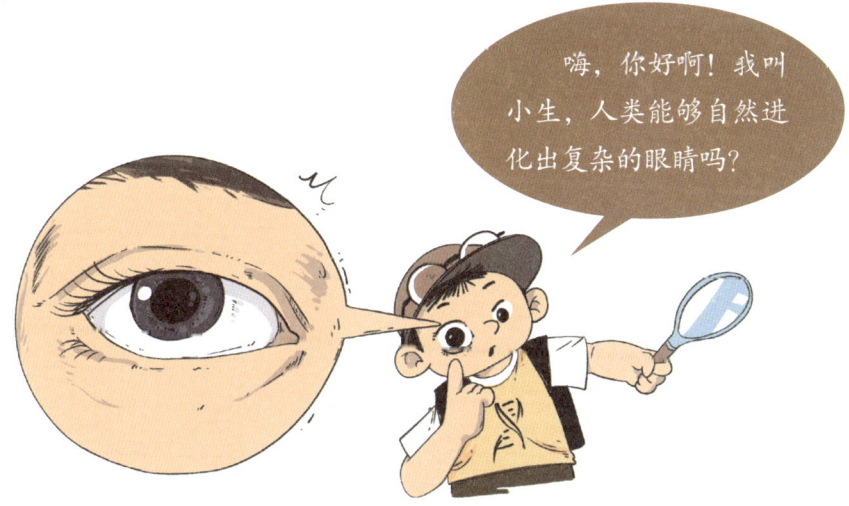

基因的秘密

经过100多年的不懈探索，科学家们证实了人的眼睛确实是进化而来的。

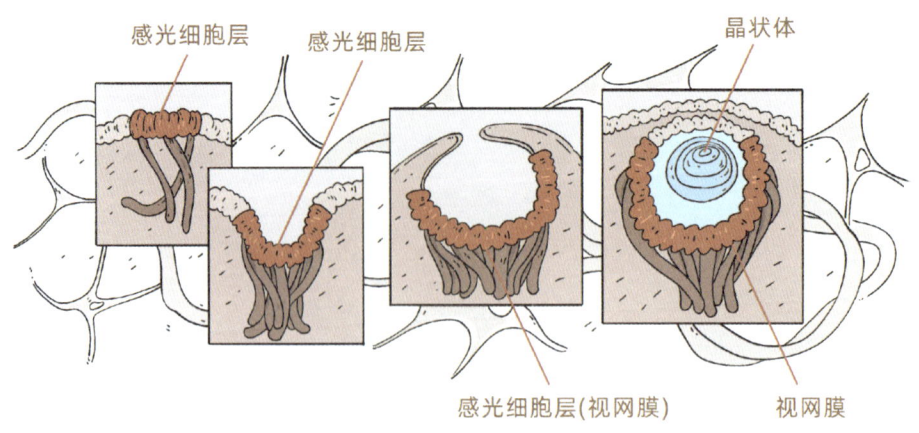

1994年，科学家们通过计算机模拟，用三层虚拟皮肤成功地模拟出了眼睛复杂的进化过程。由平坦的皮肤到复杂的眼睛，大约需要40万年的进化时间。这个时间听起来很久，其实对于地球的生命史来说，只是一瞬之间。这一研究结果，再次证明了达尔文进化论的正确性。

今天，"进化论"已经确定无疑地代替了"神创论"，解释了生命从何而来。

生命从何而来？

我们的身体是由物质组成的，组成身体的这些物质，其起源比地球的年龄还要古老，甚至可以追溯到宇宙的诞生。

根据科学界的主流观点，大约138亿年前，一次开天辟地的"大爆炸"发生了，宇宙就此形成。

早期的宇宙空间里，主要密布着一种最简单的气体物质——氢。在引力的作用下，气体逐渐凝聚成团，内部温度和压力逐渐升高，直至发生核聚变反应，第一代恒星就这样诞生了。

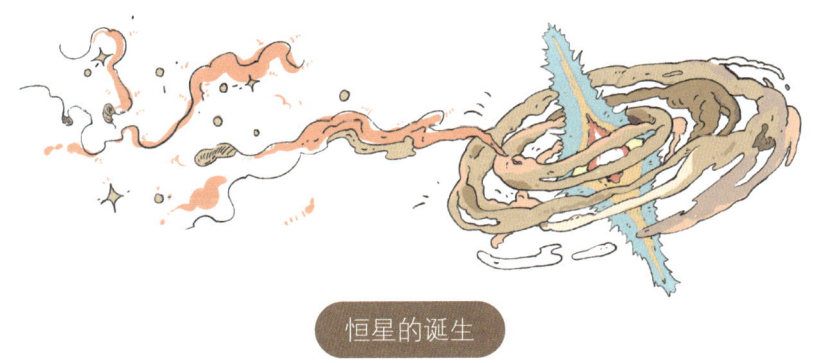

恒星的诞生

基因的秘密

在恒星"熔炉"的深处，以氢为原料的**核聚变**在发光放热的同时，产生了更重的元素——氦、碳、氧等，它们燃烧后的"灰烬"，在恒星消亡的爆炸中被抛向星际空间，形成新的**云团**。

恒星里的核聚变反应，将氢元素变成了氦元素，以及其他更重的元素。

大型的云团又开始了新一轮的恒星演化，直至产生包括铁、金在内的自然界中所有已知元素。而很多小云团，因自身的体积太小，内部压力不能再次点燃核聚变反应，便逐渐形成了**行星**。以上过程就是地球和我们身体的物质来源，原来我们的身体是由星尘铸就的。

生命从何而来？

阳光、沙滩、海浪、仙人掌……我们在海滨沙滩漫步的感觉总是浪漫而愉悦的。

我们随手抓起一把沙子，数量大约有一万粒，似乎多过晴朗夜空中抬眼可见的繁星数量。可是，宇宙的宽广无垠超乎想象，宇宙中恒星的总量比地球上所有沙滩的沙子加起来还要多！

夜空中肉眼能看见的星星可没有这把沙子多！

地球像一粒微尘，飘荡在宇宙的虚空之中，在它之外，还有上千亿个像银河系一样的星系，数十万亿个像太阳系一样的恒星系。然而，地球这粒微尘却是我们的蓝色家园，承载着我们所知道的一切生命！

我们的家园，是茫茫宇宙中的一个蓝点，像一粒尘埃。

基因的秘密

　　大约46亿年前，太阳周围的星云聚集形成太阳系行星，在行星和星云持续旋转凝聚过程中，放射性物质蜕变，形成原始的地球。初生的地球表面是由岩浆组成的"海洋"。之后，地球表面开始冷却凝固，形成坚硬的岩石。冷却过程中，水汽、二氧化碳、氮气形成了最初的大气。地表充分冷却后，暴雨下了成千上万年，雨水灌满了盆地，形成了海洋。

　　雷暴和火山喷发制造出了越来越复杂的有机分子，并逐渐在原始海洋中聚集，为生命的起源和演化奠定了基础。

　　在距今40亿年前后，原始海洋像一锅温热的"稀汤"，又叫**"原始汤"**，它是有机分子的"伊甸园"。

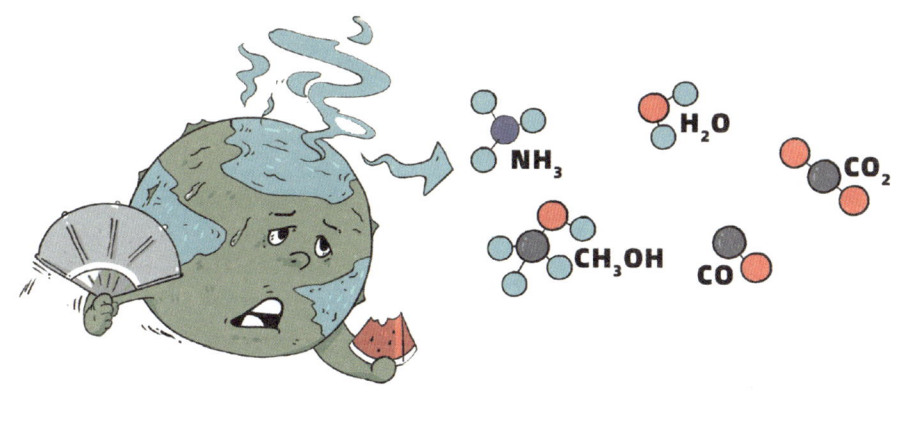

"原始汤"中的有机物

各种分子在"原始汤"中进行着复杂的化学反应，产生了更多种类的**有机物**。偶然间，"原始汤"中出现了一个非凡的分子，它的神奇之处在于能够自我复制！因此，这个能自我复制的分子又叫**"复制因子"**。

神奇的复制因子！

基因的秘密

复制因子由较小的有机分子构件组成,一旦在海洋中诞生,便开始不断复制和扩散。然而,复制过程中难免会出现差错,这导致了新的复制因子品种不断涌现。同时,海洋中的"食物"(较小的有机分子构件)数量是有限的,这就使得稳定和长寿的复制因子能够获得更多的后代。在复制差错和"食物"有限的双重影响下,生命的演化开始了。

复制因子的演化——由简单到复杂。

经过亿万年的漫长演化,复制因子变得越来越复杂,竞争也越来越激烈。只有那些能够联合起来,抱团御敌的复制因子才能生存下来。后来,它们又添置了一层"保护衣",以便更好地保护自己,这就是第一批生命**细胞**的成长过程。

抱团的复制因子,再穿上"保护衣",会不会是细胞的雏形呢?

大约 30 亿年前，一些单细胞生物放弃了自由生活，为了共同的生存利益聚集在一起，第一个**多细胞生物**诞生了。

多细胞生物示意图

大约 20 亿年前，生物开始出现性别区分。因为**有性繁殖**能够交换整段的遗传信息，更容易适应环境变化，加快了自然演化的速度。相比之下，大多数**无性繁殖**的生物在自然法则的筛选下逐渐被淘汰。

基因的秘密

大约 10 亿年前，海洋里充满了以**蓝藻**为主的原始绿色植物。

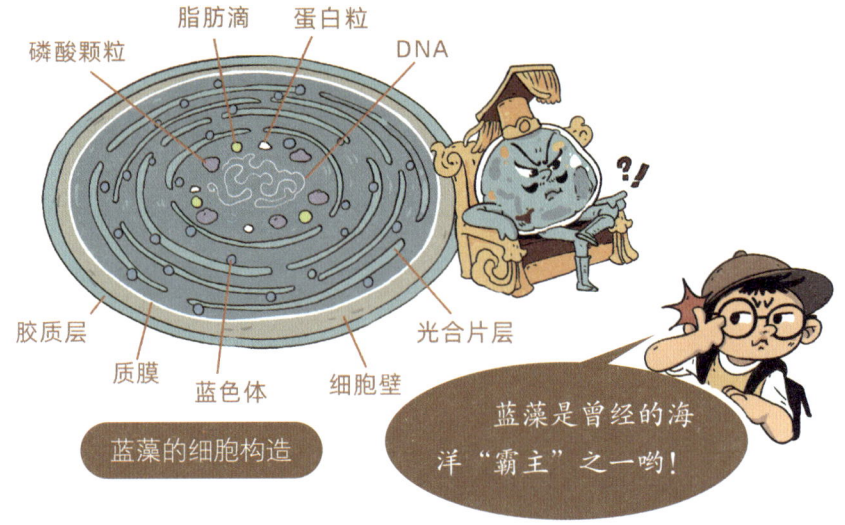

蓝藻的细胞构造

绿色植物的**光合作用**使氧气逐渐成为地球大气的主要成分。而植物死亡分解后，又会向大气中释放另一种气体——氮气。直到今天，氧气约占大气总体积的 21%，氮气约占 78%。也就是说：99% 的地球大气是由生物产生的，原来是地球上的生命创造了蓝天！

生命从何而来？

大约 6 亿年前，大量新生命出现，打破了蓝藻的"霸权"。

5 亿年前，**三叶虫**大量繁衍，植物开始移居陆地。

4 亿年前，第一批鱼类等脊椎动物出现。

2.5 亿年前，**恐龙**开始统治地球。

大约 6600 万年前，恐龙灭绝，**哺乳动物**开始繁盛。

基因的秘密

大约在 1000 万年前，自然界演化出了第一批脑容量迅速增大的类似人类的猿类。大约 450 万年前，类人猿开始**直立行走**，逐渐演化成人类。大约 100 万年前，人类学会了使用**火**。1 万多年前，人类学会了使用陶器。

人类的进化过程

大约 6000 年前，**文字**的出现标志着人类进入文明时期。经过 2000 多年的发展，孔子、亚里士多德等东西方先贤开始授课。

孔子的讲坛前有杏树，因此被称为杏坛。

孔子杏坛讲学

以上的纪年太过漫长，我们不妨快进一下：假如将地球的历史快进成1年，即将46亿年浓缩成365天，会怎样呢？

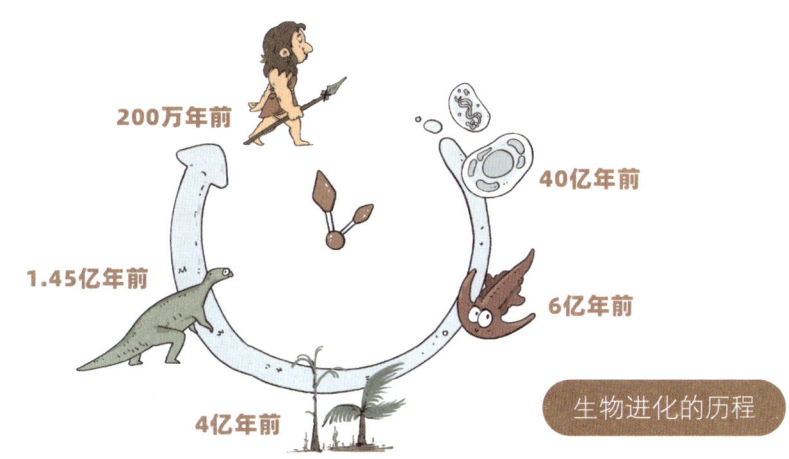

生物进化的历程

从元旦零时零分零秒开始计时，地球诞生。

第一季度的前3个月，地球和无数的天体一样，没有任何生命迹象。

第二季度的4月中旬左右，迎来了原始生命（复制因子），直到6月中旬才出现了具有细胞核的单细胞生物。

因此，整个上半年，生命在地球上都无足轻重。

单细胞生物

基因的秘密

第三季度的 8 月初，多细胞生命出现，它们逐渐分化成为原生生物、真菌、植物和动物四大生物类别。

第四季度的 11 月中下旬，海洋生物蓬勃发展，三叶虫出现了。

三叶虫

11 月底，两栖动物登陆成功。

11 底和 12 月中旬，接连发生了四次物种灭绝事件。之后，绝大多数物种灭绝了。

12月上旬，恐龙登场，并很快称霸地球。

12月下旬，地球遭遇第五次物种大灭绝，恐龙家族消失了，鸟类和哺乳动物开始繁盛。

最早的鸟类——始祖鸟

基因的秘密

　　直到这一年最后一天的上午，人类祖先才向类人猿作别，离开了森林树梢，此时是12月31日的上午10时。

　　大约13时，人类学会直立行走。

　　21时，人类学会用火。在快进条上，人类文明的火种不过才点燃了3个小时。

人类学会了用火，真了不起！

生命从何而来？

快进继续，这一天即将结束。

我们来回顾一下最后 1 分钟，即 23 时 59 分。

60 秒前，人类开始学会耕种和使用陶器。

最后 3 秒钟前，人类发明了蒸汽机。

最后 1 秒钟前，计算机问世。

这个快进实在太快啦！

当我们看到上一句话的时候，这神奇的一天结束了！

基因的秘密

也就是说，在整个地球"一年"的历史进程里，人类是在最后一天才出现的，最后一分钟才有了人类的文明，真正的科技时代只有3秒钟！

以上就是生命演化的简要历程，可见无论相对于宇宙的地球，还是相对于地球的人类，都是何等的渺小！因此，人类切不可妄自尊大，我们应当敬畏自然，与自然和谐相处。

发现遗传因子——基因

人类祖先生活的地方可以追溯到数百万年前的非洲大陆，他们通过采摘植物和狩猎动物来充饥，过着漂泊不定的生活。

狩猎中的人类祖先

二十多万年前，**智人**出现了，智人扩大了活动范围，开始分批走出非洲，在全世界的大陆和岛屿上开枝散叶。不过，他们谋生的手段仍然是日复一日地采集和狩猎。

人类祖先就这样离开非洲，逐渐扩散到全世界！

直到智人发现了一种神奇的植物——**野生小麦**，人类才进入农业时代，结束了朝不保夕、食不果腹的生活。

基因的秘密

大约1万年前，在人类祖先离开非洲的必由之路——西亚、非洲的**新月沃地**上，生长着繁茂的野生小麦，它们的种子不仅富含淀粉和蛋白质，还适于人类种植。由于有两条流经这里的著名河流——底格里斯河和幼发拉底河，因此这里也叫"**两河流域**"。

这就是盛产野生小麦的"新月地带"！

然而一开始，人类在收割野生小麦时却遇到了难题，因为野生小麦成熟的种子还未等人们收割，就自然脱落掉进泥土里。因此在它们成熟之前，人们必须眼疾手快地收割。

发现遗传因子——基因

偶然间，人们在错过收割后几乎颗粒无收的麦田里，发现了几株没有自然脱粒的麦穗。这种今天看来很好理解的**遗传突变**现象，虽然先民们不明所以，但喜出望外。

这给了先民们一个启发：如果将这些麦粒作为种子种下，来年麦田里的小麦自然脱粒的情况会不会有所改观呢？

事实正是如此，先民们无意间发现了遗传的秘密。原来人们喜欢的小麦性状是可以通过年复一年细心地发现、筛选、栽培之后保留下来的。

基因的秘密

今天全球的小麦具有品种多、产量高、口味好、抗病虫害等特点，正是上万年来，人们不断选育的结果。

不仅如此，对于遗传现象的理解和利用，除了给人类祖先带来了优良的小麦品种外，还带来了越来越丰富的动植物品种：纤维柔软的棉花、温顺多毛的绵羊、吃苦耐劳的牛马等。

人类祖先通过漫长的驯化过程，培育出了今天众多的农作物和畜禽品种。

新月沃地培育出小麦的同时，遥远东方的华夏大地也培育出了另外两种影响深远的粮食作物：粟米和水稻。

这种沉甸甸的谷物就是粟米吗？

因此，中国是世界农业起源地之一。

除了最早的粮食作物外，中国还培育出大豆、麻、茶等重要的经济作物，以及猪、牛、鸡、鸭、鹅等家畜和家禽。正是农业的领先发展，才孕育出早期的华夏文明。

中国的祖先们培育出了水稻，才有了今天的"稻花香里说丰年……"下一句是什么来着？

基因的秘密

遗传现象的发现和利用，让先民们停下了追逐食物的脚步，定居下来，人类由此进入**农业社会**，这一变化加快了文明的进程。

人类进入农业社会

优良作物和动物品种的成功选育，大大提高了农业的生产效率。人们靠种植作物和驯养畜禽可以获得比采摘和狩猎更多的食物，不仅能养活自己和家人，还能供更多的人生活，使得从事艺术、科学、文学、建筑、医学等的专业人员逐渐从农业劳作中脱离出来。

发现遗传因子——基因

现代人类会有一个错觉,认为很多现象显而易见,很多科学知识本来就是常识。

生物的遗传性就是一个最为显著的例证。人类祖先在1万多年前的农业实践中,逐渐有了"种瓜得瓜,种豆得豆"的遗传学知识。通过长期摸索,人们发现通过人为地一代代筛选,可以让动植物的优良特性朝着人们需要的方向发展,并稳定地遗传下去。

可是,遗传的本质到底是什么呢?

基因的秘密

古希腊的哲学家们认为，遗传的本质是通过一种叫作**"泛生子"**的微小颗粒，从先辈传递到后代的。这种极其微小的颗粒，在先辈体内无处不在，记录着先辈的各种特征性状。因此，当"泛生子"进入后代体内后，也能表现出与先辈类似的特征。

这就是早期遗传学的"泛生子"理论。

这一概念能解释生活中的大部分遗传现象，因此一直流传到近代。直到19世纪中期，达尔文提出进化论的时候，仍然借用了泛生子的概念去支持他的自然选择理论。

1831 年，达尔文搭乘"贝格尔号"考察船进行了为期 5 年的环球旅行，航行期间采集了无数的生物标本，然后进行了 20 年的整理和思考。最后，他得出结论：所有生物都是由共同的祖先逐渐演变而来的。

"贝格尔号"考察船

1859 年，达尔文出版了震惊世界的著作——**《物种起源》**，提出了著名的**进化论**。达尔文的进化论对生物学、医学等许多领域都产生了深远的影响。它不仅改变了人们对生命的认识，还帮助人们理解了地球上生物的多样性和生态系统的复杂性。

生物学的伟大著作——《物种起源》

基因的秘密

在达尔文看来，一个生物体的所有器官以及大小组织，都拥有自己独特的泛生子颗粒，比如眼睛的大小、眼珠的颜色、视力的好坏等。来自父母双方的泛生子融合在一起，共同决定了后代们的遗传性状。

就像做水果奶昔一样，做好的奶昔有水果和牛奶的双重口味。

遗传难道像一杯超好喝的水果奶昔？

按这个思路接着可以推测：泛生子一旦出错，就会导致后代遗传性状的"突变"，这也恰好为达尔文进化论中的自然选择和适者生存提供了"依据"。

进化论诞生后，遭到了人们的猛烈攻击。

来自宗教界的批评主要带有情绪化，因为信徒们不承认他们的祖先是由猿猴变来的。

但来自科学界的批评则相当棘手。

因为按照达尔文的进化论，生物的遗传物质需要经历漫长、微小的突变过程，这样就会产生成千上万种过渡状态下的"**中间物种**"。而现实中这样的"中间物种"却难得一见。

但如果泛生子融合的理论是正确的，那么任何物种里出现的一点点遗传变异，都会在繁衍过程中被很快湮灭，就像在一大盆水中滴入一滴蓝色墨水，蓝色很快便消失不见。

基因的秘密

除了宗教界和科学界的批评外，在 实践中，泛生子融合理论似乎也行不通。

比如，农民伯伯有两类不太完美的家猪品种，一种肉多但脾气暴躁，另一种脾气温和但又太瘦，农民伯伯想获得肉多脾气又温和的家猪品种，能实现吗？

按照泛生子融合理论，只要将这两种猪杂交，就可以融合肉多和温和这两种优良特性。然而，现实中，它们杂交后生出来的小猪，大部分都不是肉多而脾气温和，甚至出现了更差的性状——又瘦又暴躁！

事实上，农民伯伯想要获得同时具有肉多脾气温和这两种性状的小猪，过程要困难得多。单单同时获得这两种优良性状，就需要进行反复多次的繁殖筛选。而要让这两种性状稳定遗传下去，则还要更长的繁育时间。

为什么有些性状能够**稳定遗传**，而有些只出现一次就消失不见了呢？

还有，哪些特性可以遗传？特性遗传可以传递几代？

基因的秘密

对于这些疑问，谁能给出科学的解答？

人们终于等来了答案。一位叫**格雷戈尔·孟德尔**的奥地利修道院神父发现了了不起的"**遗传定律**"！

奥地利生物学家孟德尔

1856 年，孟德尔用豌豆做遗传学实验，他将一种开紫花的豌豆种和另一种开白花的豌豆种结合在一起。第一次结出来的豌豆开紫花，第二次紫白相间，第三次全白。在这个实验中，紫花和白花是同种生物同一性状的不同表现类型，连续繁殖三代的过程中，开花特征发生了有规律的变化。

发现遗传因子——基因

经过8年漫长的豌豆种植实验和思考后，孟德尔终于总结出了遗传学两大基本定律——基因分离定律和基因自由组合定律。

基因分离定律：决定同一性状的成对遗传因子彼此分离，独立地遗传给后代。简单地说，生物的父本和母本都携带遗传特性，后代分别从父本和母本各继承一个基因，形成"基因对"，这个基因对最终决定了遗传特性。这个定律强调了父本和母本在遗传学上是同等重要的，离开任何一方，遗传特性就不存在了。

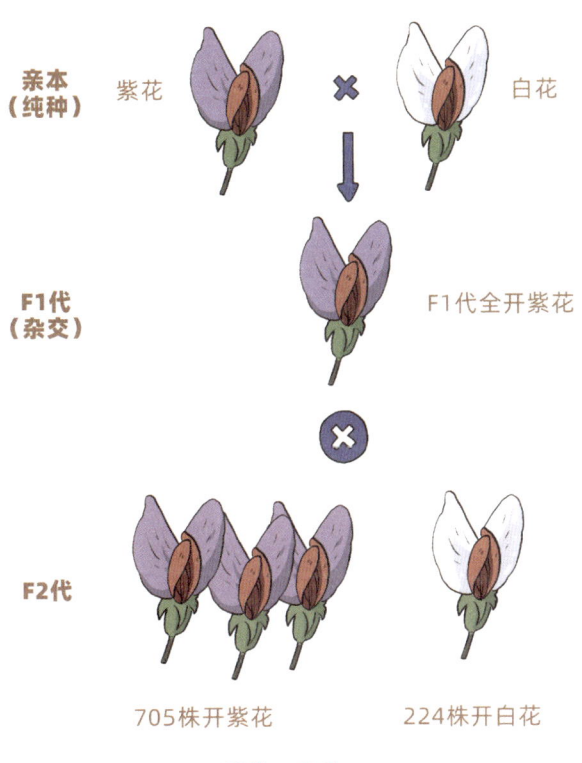

基因分离定律

基因的秘密

基因分离定律的验证相对较为容易。例如，如果你使用紫花的花粉对白花的花蕾进行授粉，得到的一定是紫花的后代（F1代）；如果你再用这些紫花的种子进行繁殖，其后代（F2代）中就会既有紫花也有白花。孟德尔还发现：基因在后代的分离比值近似于 3∶1。

基因自由组合定律：决定不同遗传性状的遗传因子可以自由组合。

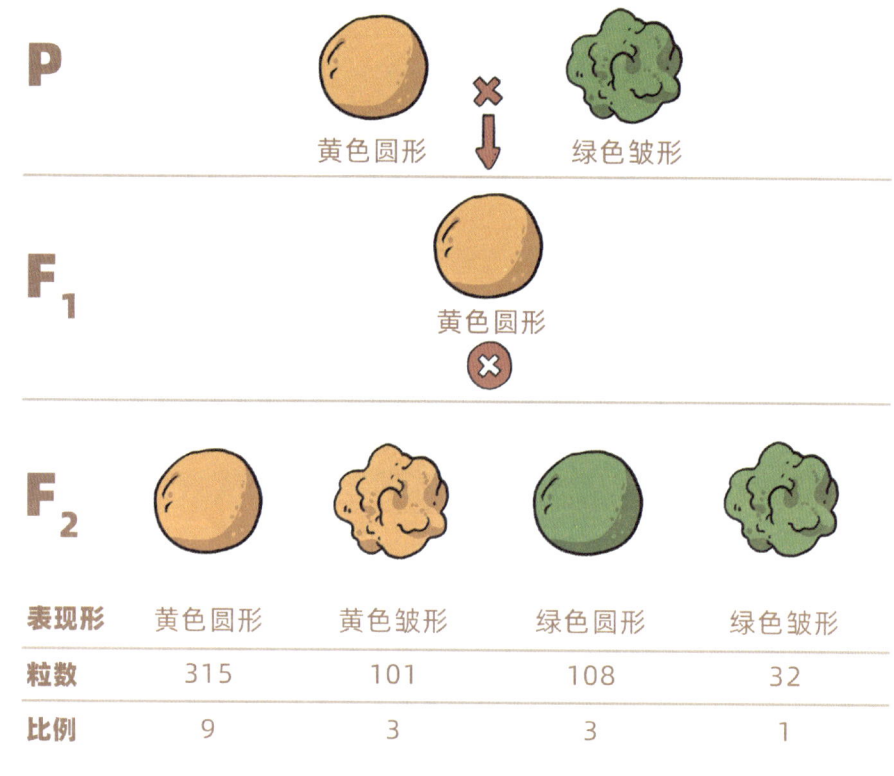

表现形	黄色圆形	黄色皱形	绿色圆形	绿色皱形
粒数	315	101	108	32
比例	9	3	3	1

基因自由组合定律

发现遗传因子——基因

孟德尔的第二大定律揭示了不同遗传特性在后代中的组合规律。

例如，当黄色圆粒的种子和绿色皱形的种子进行杂交时，它们的后代可能表现出四种不同的特性组合：黄色圆形、黄色皱形、绿色圆形、绿色皱形，并且这些组合的比例为 9∶3∶3∶1。

孟德尔研究发现，这些特性在遗传过程中彼此独立，它们不会互相干扰。同时，这些特性还可以自由组合，从而产生多样的后代。

生命科学中的遗传学，从孟德尔开始迈出了探索的第一步。

遗传学从孟德尔开始启航

基因的秘密

1866年，孟德尔发表了题为《植物杂交试验》的论文。他在这篇论文中提出了遗传因子、显性性状、隐性性状等重要概念。

论文中提到，孟德尔发现了一种不可分割和独立的"遗传物质"，他把这些物质称为"遗传因子"。

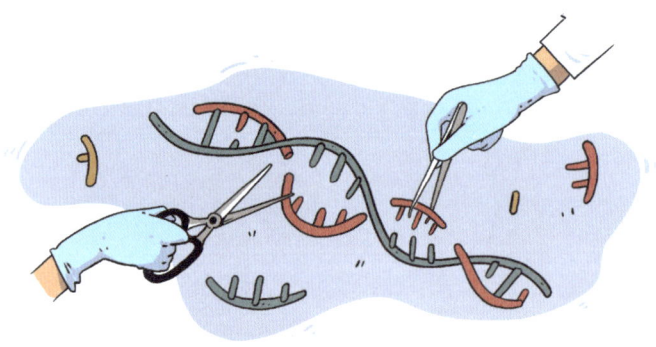

遗传物质的基本单位——遗传因子

简单地说，遗传因子是构成生命遗传物质的基本单位，携带着决定生物某种特征的遗传信息，从上一代传给下一代。

发现遗传因子——基因

1909 年，美国生物学家**托马斯·亨特·摩尔根**及其学生在孟德尔定律的基础上发现了遗传学的第三大定律：**基因的连锁与交换定律。**

美国生物学家摩尔根

在生殖细胞的形成过程中，位于同一条染色体上的基因（A 和 B）会连锁在一起，作为一个单位进行传递，这被称为**连锁律**；在生殖过程中，一对染色体相同位置上的基因之间是可以进行交换的（C 和 c 进行了交换），这被称为**交换律**。

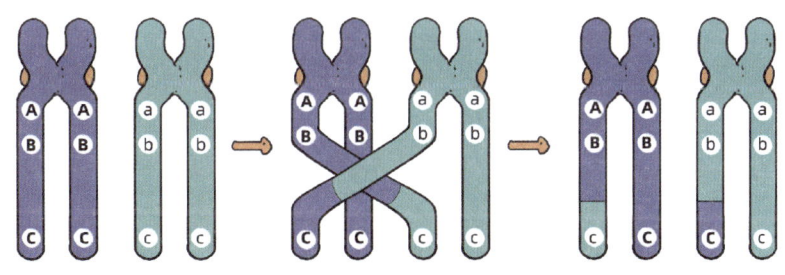

摩尔根的连锁与交换定律

基因的连锁和交换定律是生物多样性的重要原因。同时，它还科学地解释了孟德尔的遗传定律所不能解释的遗传现象。

基因的秘密

到了20世纪，孟德尔的遗传因子又被重新命名为**"基因"**（gene），它的英文名称是从泛生子的英文名称"pangene"简化而来的，而中文所称的"基因"更是颇具遗传学的神韵：基因，即携带遗传信息最"基"本单元的"因"子。

基因极其微小，排列在DNA上，它通过指导蛋白质的合成来复制遗传信息，并将其传递给下一代，从而使后代呈现出与上一代相同或相似的某种特征。

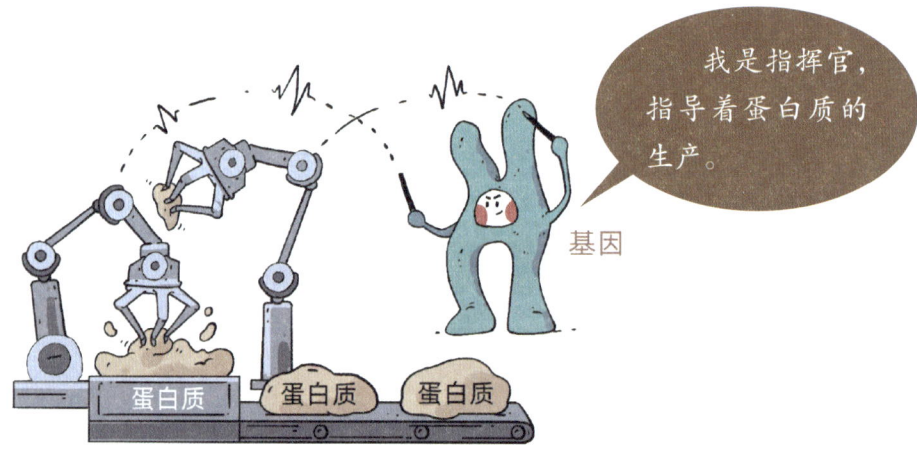

神奇的双螺旋

孟德尔通过种植开紫花和开白花的豌豆，发现了遗传定律，从而开启了遗传学的研究。

能够开花的绝不仅仅是豌豆，绝大多数的花草树木都会通过开花结果来繁殖后代。尤其在春暖花开的时节，更是姹紫嫣红、百花齐放。小蜜蜂们成群结队地出动，穿梭于花海，进行它们的采蜜工作。

蜜蜂在采到甜美花蜜的同时，身体上也沾满了花粉，顺带着完成了植物繁殖过程中最重要的授粉环节。因此，采蜜并不是蜜蜂单方面的索取，而是自然界动植物之间的一次完美合作。

采蜜与授粉兼而得之，此乃动植物间的完美合作！

基因的秘密

对蜜蜂工作的观察，使人们很早就意识到：花粉中肯定携带了植物的基因。因为没有蜜蜂的授粉，大多数花朵是不能结果的。

花粉有多大呢？非常微小！百花盛开的春季，也是花粉过敏的高发季节。空气中飘荡着各种植物的花粉，看不见、摸不着，人们一旦对某种花粉过敏，就会出现喷嚏不断、涕泪横流等症状。基因隐藏在这么微小的花粉中，可见它比花粉还要微小。

这么小的基因，有办法提取出来加以研究和利用吗？这还要从18世纪说起。

1796 年，英国医生**爱德华·詹纳**发明了世界上第一支疫苗——**天花疫苗**。

英国医生詹纳

18 世纪，天花肆虐欧洲，差不多有 1/3 的人死于天花，死亡人数在 6000 万以上。

可怕的天花病毒！

接触传播　　飞沫传播

当时的英国人为了预防天花，使用人痘接种术，就是把天花患者身上的脓，用小刀蘸取，擦拭在受种者的皮肤层下。受种者多数只会出现轻微的天花症状。但缺点也是明显的：一是受种者得的是真天花病，仍有死亡的可能；二是受种者也带有传染性，必须隔离。

基因的秘密

当时的英国乡间还流行一种说法：一个人只要曾经染过牛痘，便不会再染上天花。詹纳意识到，倘若传说属实，那么以牛痘接种代替人痘接种将更为理想。

受此启发，1796年5月14日，詹纳进行了**牛痘接种**实验。他在一名8岁男孩的胳膊上划了几道伤口，然后为他接种牛痘病毒，男孩染上牛痘后，6星期内康复。之后詹纳再为男孩接种天花病毒，结果男孩完全没有受到感染，这证明了人体接种牛痘后确实会对天花产生免疫力。

詹纳进行牛痘接种实验

到1980年，天花终于在地球上消失了。詹纳挽救了无数人的生命，因此他被称为"免疫学之父"。

20 世纪 20 年代，**细菌性肺炎**在欧洲暴发。英国病理学家**弗雷德里克·格里菲斯**想借鉴詹纳医生的方法，让人们接种一种较弱的传染源，从而产生免疫力。

英国病理学家格里菲斯

格里菲斯从病人那里收集了两种肺炎病菌：一种表面光滑（病菌 A），另一种表面粗糙（病菌 B）。通过小白鼠进行的实验表明，前者致病，后者则基本无害。

格里菲斯猜想：给小白鼠注射已经被杀死的病菌 A，或者直接注射病菌 B，是不是都可以获得免疫力呢？实验结果是：小白鼠都没有产生免疫力，看来这两种病菌分别注射的刺激都太弱。

基因的秘密

于是格里菲斯干脆把已经被杀死的病菌 A 和原有的病菌 B 混合起来，注射给小白鼠，结果大大出乎意料，小白鼠都染病了。

经过检测，因病死亡的小白鼠体内居然发现了病菌 A！

可病菌 A 已经被杀死了，而病菌 B 本身不致病，这致命的病菌 A 从何而来呢？

已经被杀死的病菌 A 和病菌 B

小白鼠被感染了！致命的病菌 A 从哪儿来的呢？

原来，格里菲斯无意间做了一个**基因混合实验**，使被杀死后的病菌 A 基因，能够轻松进入病菌 B 中，并改变了病菌 B 的遗传性状。病菌 A 的基因这么强大，它到底是什么样子的呢？

20世纪40年代，美国分子生物学家**奥斯瓦尔德·西奥多·埃弗里**接着研究起了表面光滑的肺炎病菌A。

美国分子生物学家埃弗里

他将病菌A煮沸，去除了其中的脂肪和蛋白质，之后又利用酒精沉淀出了<u>纤维状的透明物质</u>。他认为，病菌A的基因就是这种纤维！

基因的秘密

尽管埃弗里信心十足地认定,这种纤维分子就是已知的化学分子**脱氧核糖核酸(DNA)**,因此 DNA 就是遗传物质。但仍有很多科学家将信将疑。

不过,也有人意识到,纤维状的 DNA 分子,与 60 多年前就发现的丝状物质——**染色体**,或许有某种联系。

1879 年,德国生物学家**华尔瑟·弗莱明**在细胞中发现了一种丝状体。这种丝状体易被碱性染料染成深色,所以又叫染色体,意思是可染色的微小质体。弗莱明猜测染色体与遗传有关。

德国生物学家弗莱明

1902年，科学家**博韦里**和**萨顿**发现，染色体在细胞分裂中的行为与孟德尔对遗传因子的描述一致。两者在体细胞中都成对存在，而在生殖细胞中则是单独存在的。

在细胞分裂时，成对的染色体或遗传因子会彼此分离，进入到不同的子细胞中，不同对的染色体或遗传因子可以自由组合。

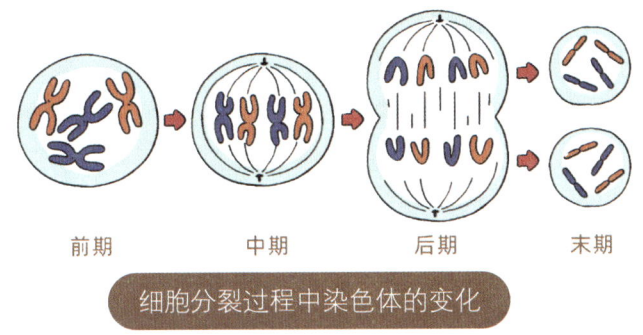

前期　　　中期　　　后期　　　末期

细胞分裂过程中染色体的变化

由此，博韦里和萨顿认为，染色体很可能是遗传因子的载体。

染色体的化学组成是DNA和蛋白质，可见遗传物质不是DNA就是蛋白质，抑或两者都是？

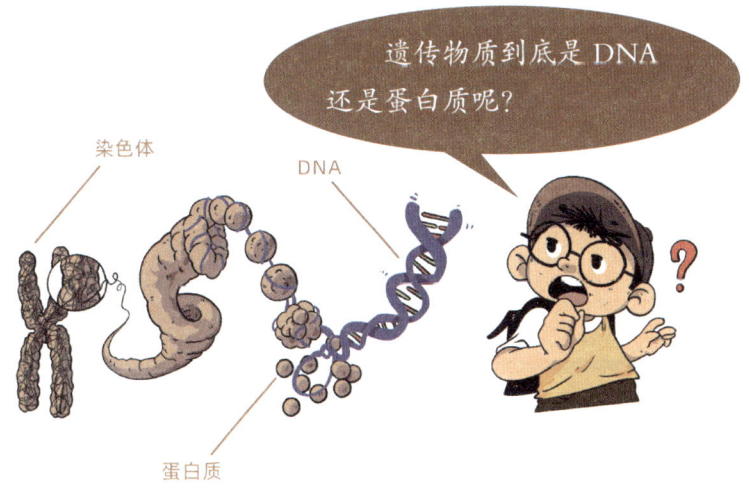

基因的秘密

1952年，两位美国科学家，**艾尔弗雷德·赫尔希**和他的助手**玛莎·蔡斯**用一种非常巧妙的方法，终于确定无疑地证明了DNA就是遗传物质。

美国科学家赫尔希（右）和蔡斯（左）

当时科学家们已经知道，DNA中含有**磷（P）**元素而没有硫元素，蛋白质中则含有**硫（S）**元素而没有磷元素。赫尔希和蔡斯利用这一差别，用这两种元素的放射性同位素（磷-32和硫-35）分别标记噬菌体的DNA和蛋白质。

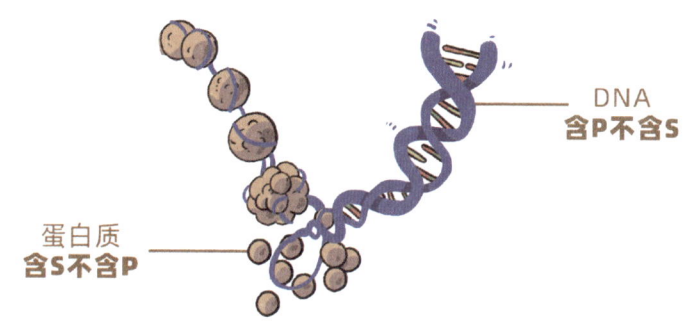

DNA 含P不含S

蛋白质 含S不含P

噬菌体是一种比细菌还要微小的病毒。当标记后的噬菌体进入细菌体内进行繁殖时,遗传物质就会进入它们后代的体内,放射性的标记物也会随遗传物质转移到后代体内。

也就是说,如果噬菌体的后代中带有磷-32的放射信号,则DNA就是遗传物质;如果带有硫-35的放射信号,则蛋白质就是遗传物质。实验结果,磷-32的放射信号胜出,证明DNA就是遗传物质!

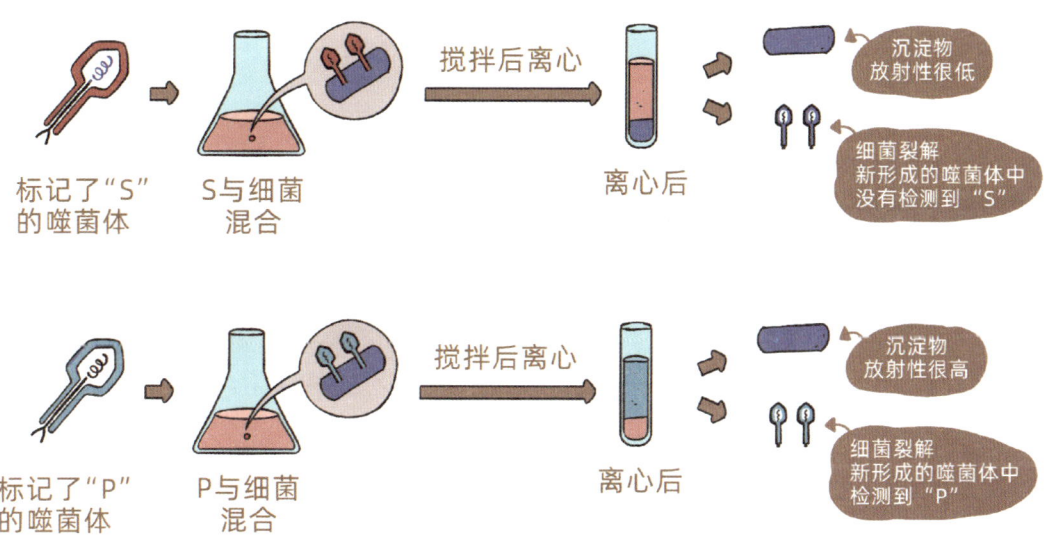

基因的秘密

作为几乎所有生物的遗传密码，DNA的重要性毋庸置疑。

然而大自然就是这么神奇，构成DNA的只有区区四个叫作**"碱基"**的基本构件，分别是腺嘌呤、胞嘧啶、鸟嘌呤、胸腺嘧啶，在生物学中，通常用4个字母来表示它们：A(腺嘌呤)、C(胞嘧啶)、G(鸟嘌呤)、T(胸腺嘧啶)。

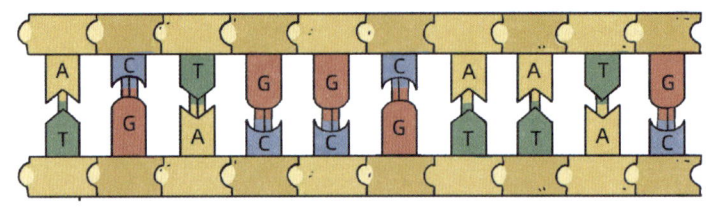

简单的4个字母，竟然组合成了所有复杂生命的遗传密码！

构成复杂生命体基础的"字母表"竟然如此简单，真是令人不可思议！

如果我们以"字母表"的形式阅读 DNA，可以将生物体中的所有"字母"的完整序列比喻为"生命之书"。这个完整的序列就叫作**"基因组"**，而孟德尔所说的遗传因子，也就是基因，可以叫 DNA 片段，就是这本"生命之书"中的某一段落。

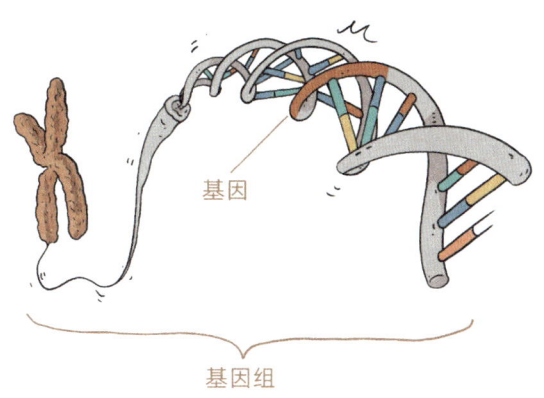

基因

基因组

比如，人体体细胞中的 DNA 含有大约 60 亿个碱基，这些"字母"一半来自父亲，一半来自母亲，它们两两配对，形成了约 30 亿个"碱基对"。如果仅仅将一条长链上的碱基字母打印出来，就可以填满 200 册像大开本字典那么厚的图书。

构成 DNA 的"字母"数量特别惊人，如果将它们打印出来，就是厚厚的"生命之书"！

基因的秘密

遗传物质虽然找到了,但DNA是如何记录和传递遗传信息的,科学家们仍然一无所知。它究竟是一条长链,还是两条或者是三条?是规则的螺旋形还是一团乱麻?

1953年,DNA优美的双螺旋结构被发现。四位科学家,詹姆斯·沃森、弗朗西斯·哈利·康普顿·克里克、莫里斯·威尔金斯和罗莎琳德·富兰克林也因此名扬四海。其中**沃森**和**克里克**是DNA双螺旋结构的主要发现者。

美国科学家沃森和英国科学家克里克搭建DNA双螺旋模型

威尔金斯和富兰克林首先获得了DNA晶体的**X射线衍射图谱**。根据图谱,沃森和克里克用硬纸板和铁丝手工制作搭建出了相互缠绕的DNA双螺旋模型。

DNA晶体的X射线衍射图谱

神奇的双螺旋

更重要的是，他们意识到 DNA 长链应该遵循着非常朴素的**配对规则**，即碱基 A 总是与碱基 T 配对，碱基 C 一定会和碱基 G 配对，它们就像拉链一样结合在一起，构成了稳定的双螺旋结构。DNA 两条长链像一架长长的梯子相互交织，形成了优美的螺旋形。

A-T（T-A）、C-G（G-C）的固定配对意味着，知道一条 DNA 长链中的碱基序列，就可以预测出另一条长链中的碱基序列，两条长链所携带的信息是完全等同的。

基因的秘密

这样一来，DNA 的分裂和繁衍过程不仅简洁高效，遗传信息的传递也变得非常简单了：DNA 双螺旋只需要像拉开拉链一样一分为二（过程①），分别将一条单链传递给下一代就可以了。

获得单链的后代，会遵循碱基配对规则，即 A 和 T 配对、C 和 G 配对，自行配上另一条新链（过程②），从而完成双螺旋的复制工作（过程③）。显然，新产生的两个后代 DNA 与原 DNA 一模一样！

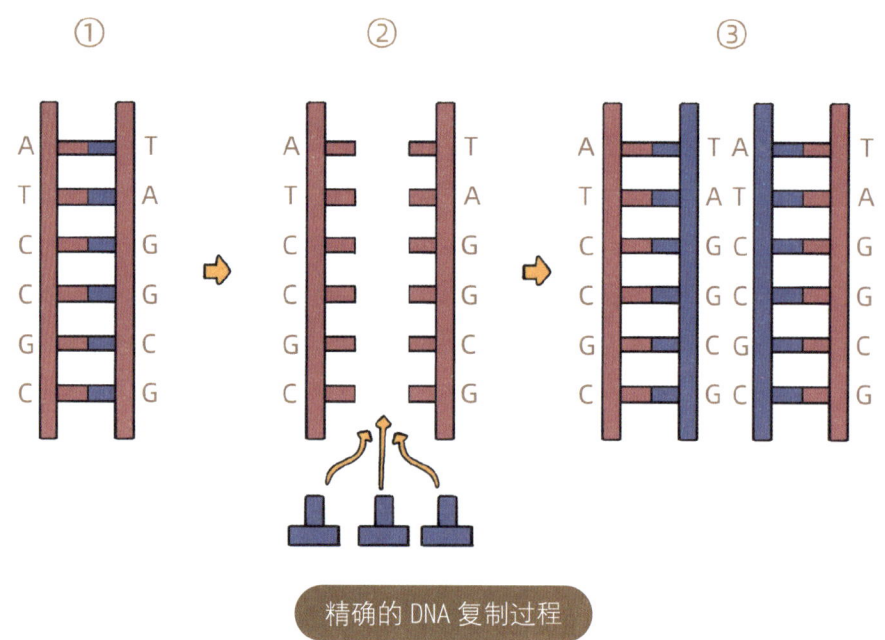

精确的 DNA 复制过程

生命体的独特性状是由不同的蛋白质分子决定的。那么，结构如此简单的 DNA 分子，是如何指导生命体产生种类繁多、结构复杂的蛋白质的呢？

原来，DNA 不会直接指导蛋白质的合成，而是先转录出中间的**核糖核酸（RNA）**，再由信使 RNA 制造出最终的蛋白质。

过程①表示 DNA 可以自我**复制**；过程②表示 DNA 储存的遗传信息可以转移至信使 RNA 中保存，这个过程叫作**转录**；过程③表示信使 RNA 保存的遗传信息最终会以蛋白质的形式出现，这个过程叫作**翻译**。

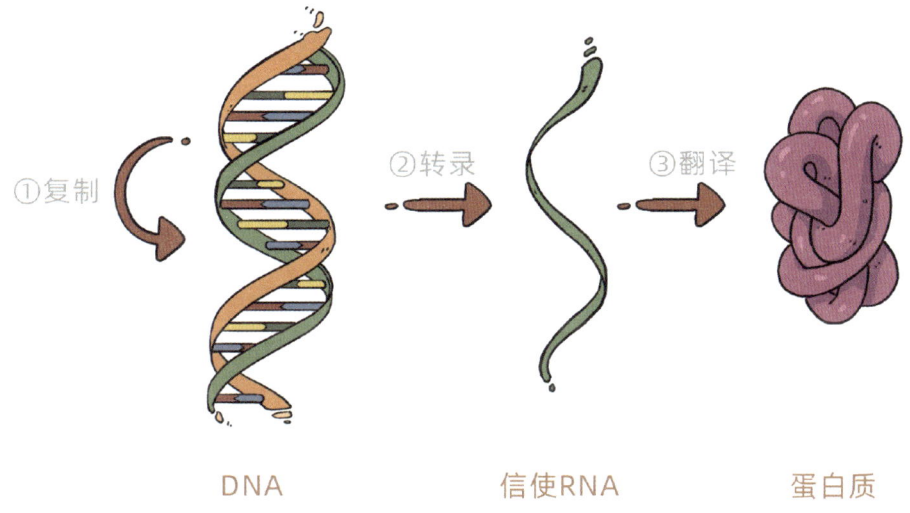

①复制　　　DNA　　　②转录　　　信使RNA　　　③翻译　　　蛋白质

从 DNA 到信使 RNA 再到蛋白质的遗传信息流动规律，就是著名的"**中心法则**"。

基因的秘密

DNA 呈简洁的双螺旋结构，而蛋白质的分子则呈现出复杂的三维结构。

简单的 DNA 如何能指导生产出复杂的蛋白质呢？美国物理学家**乔治·伽莫夫**推测，DNA 上相邻的三个碱基序列代表一种特定的氨基酸。

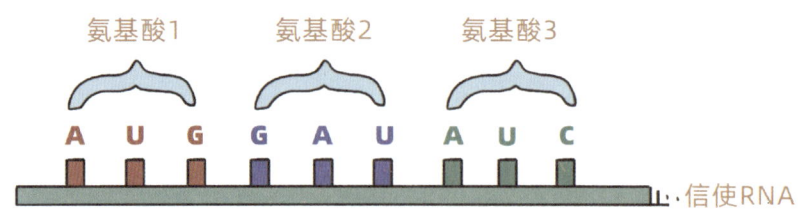

信使 RNA 上相邻的三个碱基代表一个特定的氨基酸

信使 RNA 是根据三个碱基对应一个氨基酸的原则制造蛋白质。**氨基酸是构成蛋白质的基本单位，其种类大约有 20 种。** 这些不同种类的氨基酸通过不同的排列组合方式，可以产生出数量巨大的蛋白质种类，从而满足自然界所有生物体的需要。

一般的身体细胞，DNA复制一次（过程①），细胞分裂一次（过程②），复制后的DNA（③）与复制前的一模一样。

基因的秘密

　　而**生殖细胞**则不同，DNA 复制一次（过程①），细胞分裂两次（两次过程②），因此，复制后的 DNA（过程③）只有体细胞的一半。

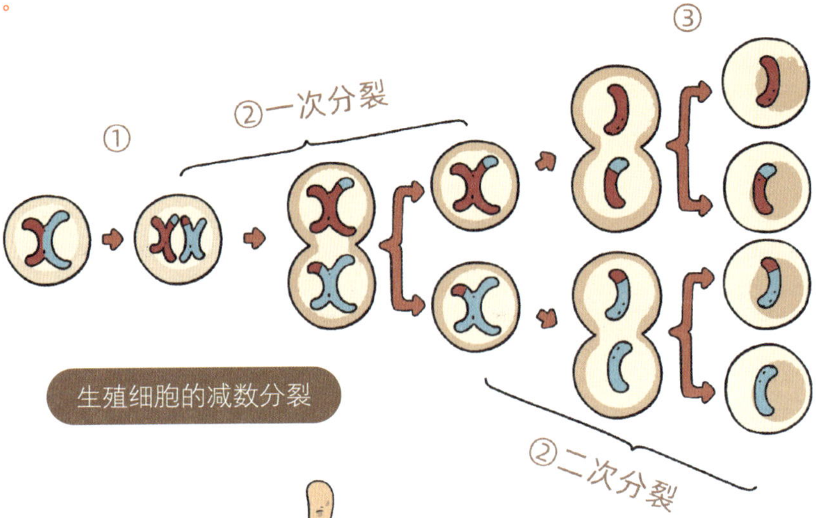

生殖细胞的减数分裂

①　②一次分裂　③　②二次分裂

注意，基因已经被打乱了！

　　你还记得前面介绍的遗传学的连锁与交换定律吗？正是由于这些定律，复制后的 DNA 中的基因才会被打乱、重新组合，使得每个后代个体中的基因排列都与众不同。原来，这就是相同物种不同个体的样貌特征会千差万别的原因。

知识延展：发现染色体

19世纪中叶，随着显微镜技术的进步，科学家们观察到细胞分裂过程中染色体的存在。**染色体**一词源自希腊语，意为"有颜色的物体"，因为它们能够被染色剂明显地染色。

1882年，德国生物学家**华尔瑟·弗莱明**使用了一种叫作苯胺染料的化学物质来给细胞核中的结构着色。

这些染料能够特异性地使细胞核内的物质染色，使得染色体在显微镜下变得清晰可见。因此，弗莱明首次详细观察到染色体在细胞分裂过程中的复制和分离过程。

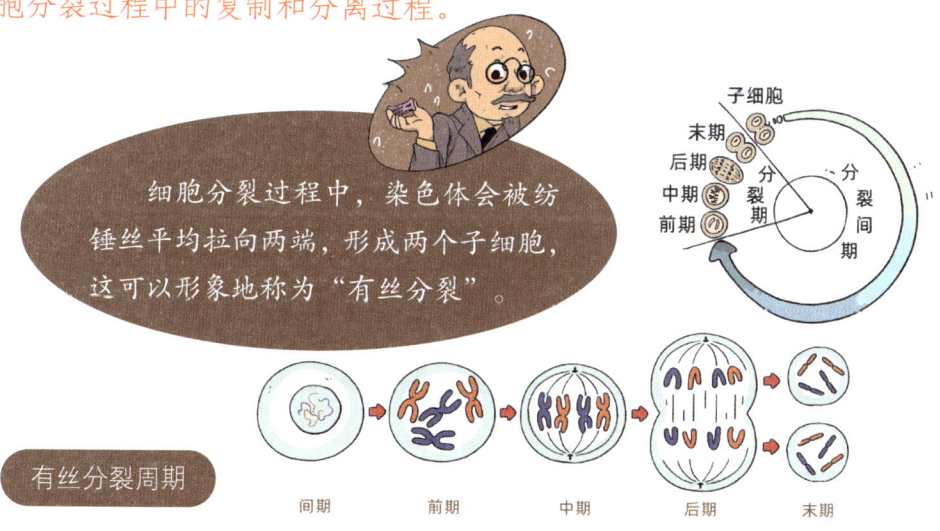

基因的秘密

1902 年，美国遗传学家**沃尔特·萨顿**提出了**染色体理论**，即染色体是遗传物质的载体。几乎是同一时间，德国生物学家**西奥多·博韦里**也提出了相同的观点。

萨顿观察到染色体是成对存在的，并且在分裂时成对分离。博韦里的实验则显示，完整的染色体组对于胚胎发育至关重要。

遗传学家萨顿和生物学家博韦里

染色体理论将细胞生物学与遗传学紧密地结合起来，并解释了遗传物质在细胞分裂和生殖过程中的行为，推动了对基因和 DNA 的进一步研究。

知识延展：发现染色体

在确定染色体是基因的载体后，科学家们进一步研究了基因在染色体上的具体位置，并进行了连锁分析，绘制了**遗传图谱**，这为后来DNA的发现和基因组测序奠定了基础。

染色体的发现及其作为遗传物质载体的理论是生物学史上的重大突破。它不仅揭示了遗传信息传递的基本机制，还推动了遗传学、细胞生物学和分子生物学的迅速发展，对现代医学和生物技术也产生了深远影响。

第二篇　给基因动手术

转基因技术

双链 DNA 可能的复制方式有三种。

双链DNA分子

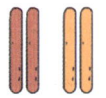 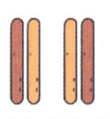 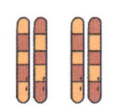
全保留复制　　半保留复制　　混合型复制

DNA 可能的复制方式

而双螺旋结构的发现者沃森和克里克推测认为：在 DNA 复制开始的时候，首先双链会完全打开，形成两条单链；然后每条单链上再次匹配上相应的碱基，这样一个 DNA 双螺旋就变成了两个完全一样的 DNA 双螺旋的复制体，原本的两条单链被平均分配到了两个后代中。

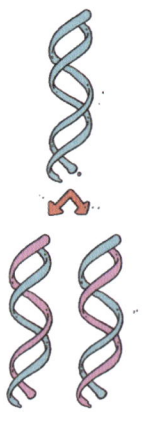

怎么证明 DNA 是"半保留复制"的呢？

这个过程也被称为**"半保留复制"**，可以完美实现DNA的自我复制和遗传信息的传递。可是，这样的推测是事实吗？又如何证明呢？

DNA两条长链上的所有碱基，它们遵循着A-T和G-C的碱基配对规则，因此，两条链上携带的信息是完全对等的。双螺旋的结果预示着怎样的自我复制和信息传递过程呢？

1958年，也就是DNA的双螺旋模型发表之后仅5年，美国的两位分子生物学家就证明了DNA的复制过程。

马修·梅塞尔森和富兰克林·斯塔尔设计了一个非常著名的生物学实验，叫**"梅塞尔森－斯塔尔实验"**，这可能是整个生物学历史上最漂亮的实验之一。

美国分子生物学家梅塞尔森和斯塔尔

给基因动手术

DNA 分子中含有大量的**氮原子**，而氮原子存在氮-14 和氮-15 两种同位素，它们的质量略有差异，自然环境中的氮原子都是氮-14。

梅塞尔森和斯塔尔将只含有氮-15 的细菌放在氮-14 的环境中繁殖，然后隔一段时间测定一下细菌 DNA 的密度。含有氮-15 的 DNA 密度大，而含有氮-14 的 DNA 密度小。

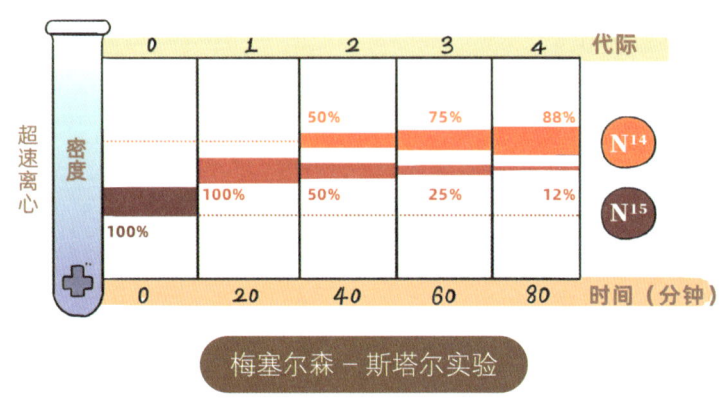

梅塞尔森 – 斯塔尔实验

实验证明，随着细菌繁殖（分裂）次数的增加，DNA 越来越多地出现在了氮-14 的密度区间，而这一结果的唯一解释就是 DNA 的复制是"半保留复制"。

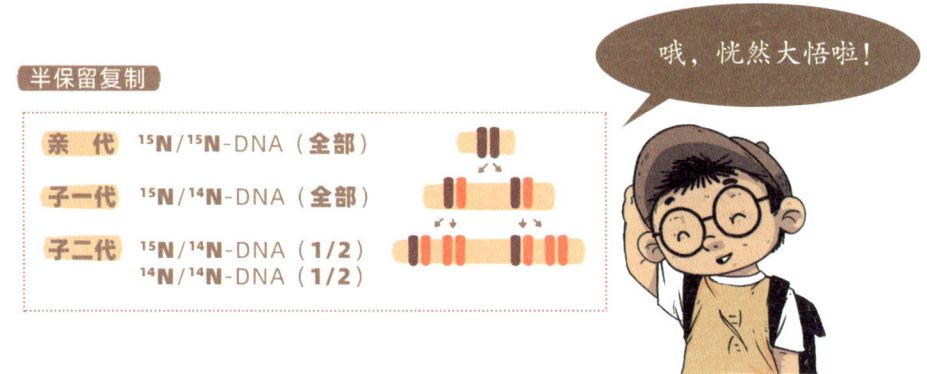

千差万别的生命形态下，不仅遗传物质 DNA 的形态和构件相同，连碱基序列，即 A、C、G、T 的排列顺序也非常接近。

比如，人类与黑猩猩的 DNA 碱基序列的相似性高达 98.6%。即便是八竿子打不着的香蕉，与人类碱基序列的相似性也接近 50%！

给基因动手术

　　这并不是说，人的一半是由香蕉构成的，因为构成DNA的只有4个"字母"，即便胡乱排一下，最低也有25%的相似性，就跟我们瞎猜选择题的结果差不多。

　　两个人之间DNA的相似度就更高了，在看似无穷无尽的30亿碱基对长链中，大约每隔1000个"字母"才有一个"字母"不同，而另外999个相同的"字母"则构成了**"人类基因组"**。就是说，在茫茫人海中，人类个体彼此间的基因差别仅有0.1%左右。而在有血缘关系的家族成员之间，这个差别就更小了。

有字母，有编排，这么小的差别，却要体现生物界的千差万别，可见 DNA 这本"生命之书"极为严谨。基因是 DNA 的片段，因此，基因可以被认为是这本书中的一个段落。

我们在写作文的时候，有时会涉及段落调整的问题。如果要在作文本上调整，就很麻烦，需要擦掉原来的段落，再在新的位置上重新写一遍。但如果是在电脑上，那就简单多了，一个剪切动作加一个粘贴动作就完成了！

给基因动手术

但假如这段文字非常精彩,另一篇新作文上也需要用到,是不是也可以原封不动地"剪贴"过去呢?只要这段文字本来就是自己写的,也可以的。

同样的道理,既然不同生物遗传信息的构成材料都是一样的,那么剪贴基因是否可行呢?

有了想法,还得找到办法。DNA那么微小,它上面的基因片段更是微乎其微,怎样才能将某个基因片段从一个生物体的DNA上转移到另一个生物体的DNA上呢?

道法自然,大自然总是最好的老师!

老子主张遵循自然规律

20世纪60年代,比利时生物学家**马克·范·蒙塔古**发现了天然的植物转基因工程师——**农杆菌**,这种微生物具有将自身DNA片段(基因)导入到植物DNA中的独特能力。

比利时分子生物学家蒙塔古

给基因动手术

蒙塔古通过一系列开创性的实验，发现农杆菌是一位天然的植物基因工程师，它通过**"肿瘤诱发机制"**让植物产生肿瘤。

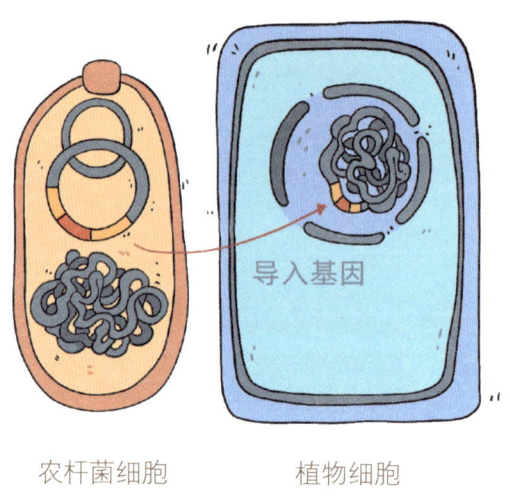

农杆菌细胞　　植物细胞

农杆菌能将自身的基因导入到植物中

农杆菌选定要入侵的植物后，将自身附着在植物细胞上，并进一步侵入植物的细胞内。随后，农杆菌将自身携带的T-DNA导入到植物细胞的细胞核内，并插入到植物的基因组中，最终导致植物发生肿瘤病。

农杆菌的这种导入基因的方法给科学家们带来了灵感。

1972年，现代基因工程的创始人——美国生物化学家**保罗·伯格**，创造了首批重组DNA分子。这一重大突破标志着**基因工程**技术的诞生。

美国生物化学家伯格

伯格分别选用了一种细菌和一种病毒的DNA作为材料。他先用一种**内切酶**切割细菌的DNA，产生所需的DNA片段，再将切割下来的细菌DNA片段和病毒DNA片段相互结合，形成了新的DNA分子。

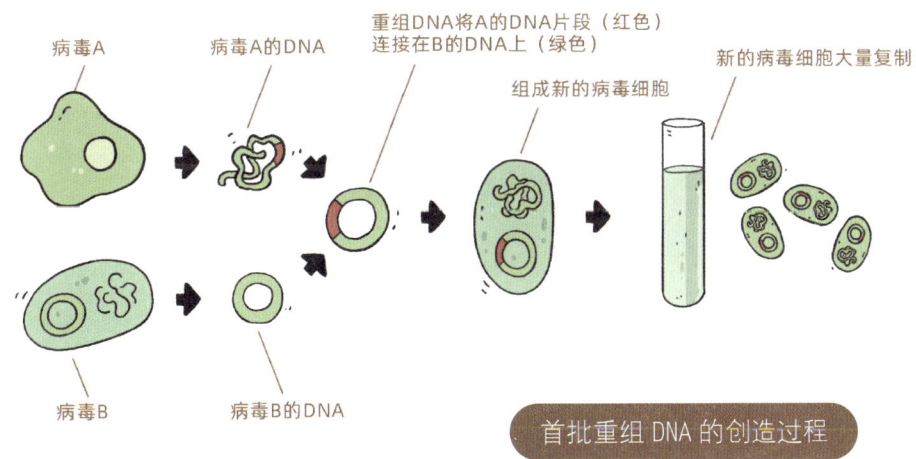

首批重组DNA的创造过程

这些重组后的DNA转移到大肠杆菌细胞中后，成功地进行了复制和表达。

给基因动手术

1973年，**斯坦利·科恩**和**赫伯特·波伊尔**创造出第一个**转基因生物（GMO）**，这是一种经过基因改造的新型大肠杆菌。

美国生物学家波伊尔和科恩

他们将细菌的质粒DNA和哺乳动物细胞的DNA片段连接起来，形成了重组DNA，然后将重组DNA转移到大肠杆菌细胞中，使其在细胞内复制和表达。

科恩和波伊尔的这项开创性工作，消除了个体乃至物种间的隔阂，开启了转基因技术应用的序幕。

转基因技术

20 世纪 80 年代后，转基因技术陆续在医药、农作物改良和食品等领域得到广泛应用。

1978 年，科学家们成功地将人的胰岛素基因插入大肠杆菌中，并通过大肠杆菌生产出了**胰岛素**。1982 年重组人胰岛素获批进行大批量生产，这是世界上第一个基因工程药物的诞生。此后，人类所有用于治疗糖尿病的胰岛素都来自这些转基因细菌。

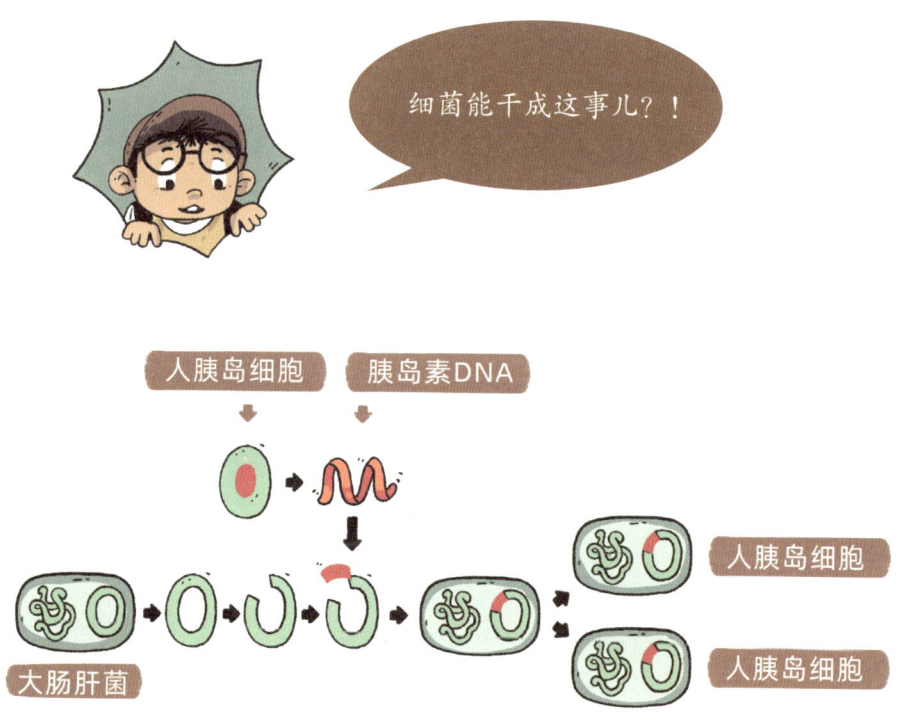

给基因动手术

将通过人工分离和修饰的基因导入到生物体基因组中，以实现品种创新和遗传改良的目的，就叫**转基因技术**。

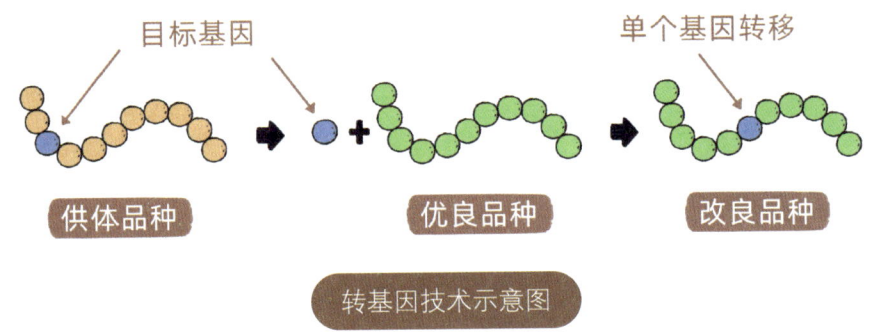

转基因技术示意图

此外，也可通过干扰或抑制基因组中原有某个基因的表达，去除生物体中我们不需要的特性，达到改善动植物性状的目的。

人们常提到的**遗传工程**、**基因工程**、**遗传转化**等词汇均为"**转基因技术**"的同义词。

1994 年，美国市场上出现了首个转基因食品——**保鲜番茄**，这是一种拥有转基因成分的番茄。这种番茄的 DNA 中转入了抵抗过度腐烂的基因，从而延长了它在货架上的陈列时间。

保鲜番茄仍然保持了正常番茄的口感和营养价值，因延缓了腐烂过程，减少了浪费，从而提高了商业价值。

给基因动手术

2015 年，**转基因三文鱼**首次在美国市场销售，这是全球首个进入消费市场的转基因动物产品。

转基因三文鱼有生长快速、不易生病、成本低、产量高等优点。因为引入了一种生长激素基因，它的生长速度更快，养殖效率更高；另外，它具有更强的抗病能力，减少了对抗生素等药物的需求，因而它在减少了对水资源和饲料的需求的同时，养殖产量比普通三文鱼更高。

转基因技术

人类的发展进程中,始终在与饥饿进行抗争。即便到了现代,世界上很多地区的人们仍因各种原因处于缺衣少食的状态。我们也有一句著名的古训:"民以食为天!"

今天,世界上仍然有很多儿童在忍饥挨饿。

转基因育种是转基因技术应用最广泛的领域。

转基因技术可以提高农作物的产量、质量和抗逆性,减少对农药的依赖,提高食品的营养价值,有助于解决全球粮食安全问题,因此得到了广泛的应用和推广。

给基因动手术

有一种土壤细菌的基因叫 **Bt 基因**，这种基因产生的 Bt 毒蛋白对于许多害虫具有极强的毒杀作用，杀虫效果又好又安全。

于是，科学家们将 Bt 基因添加到很多作物的 DNA 中，培育出了抗虫玉米、抗虫棉花、抗虫大豆等**转基因作物**。

转 Bt 基因作物会产生 Bt 毒素，它能破坏害虫的肠道壁，让害虫死亡。因此，转 Bt 基因作物不仅产量高、品质好，还能减少化学农药的使用。

如今，转基因蔬菜、水果等粮食作物在全球范围内广泛种植。比如在美国，玉米、大豆、棉花的转基因品种种植比例均已超过90%。

全球范围内，转基因棉花的种植比例大约在80%～90%；转基因大豆的种植比例大约在60%～80%；转基因玉米的种植比例大约在30%～40%。

转基因作物如此高比例的种植规模，也引发了人们对食品安全的担忧。人类长期食用转基因农作物是否会对身体产生危害呢？

给基因动手术

但对转基因作物持正面评价的观点渐渐成为主流。

转基因的目的是增加或减少作物蛋白质等性状的表现,这些增加或减少的基因都来源于自然界的现有生物,因此,转基因理论上不会带来新的风险。

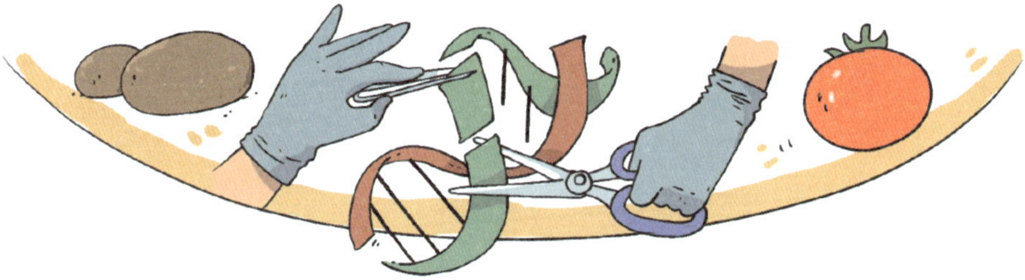

增减的基因都是纯天然的!

另外,转基因作物经过基因改良,通常具有**抗病虫**、**耐逆境**等优良特性,可以提高农作物的产量和质量,还减少了农药的使用量。

2012年10月，美国科学促进会宣布，科学界已经明确表态：用现代分子生物技术改良的农作物是安全的。

另外，**世界卫生组织**等权威机构也给出了相同的结论：食用含有转基因作物成分的食品，与含有传统农作物成分的食品相比，并不具有更大的风险。

转基因作物经过严格的食品安全评估和监管，其安全性已经得到多次的科学验证，因此，食用含有转基因作物成分的食品是安全的。

给基因动手术

猛犸象还能复活吗？

40亿年前，生命在"原始汤"中初创之时，"复制因子"繁殖后代只能靠自我复制进行。这种通过分裂自身产生新个体的繁殖方式，叫作**无性繁殖**方式。因此，无性繁殖是伴随生命起源最早的繁衍方式。

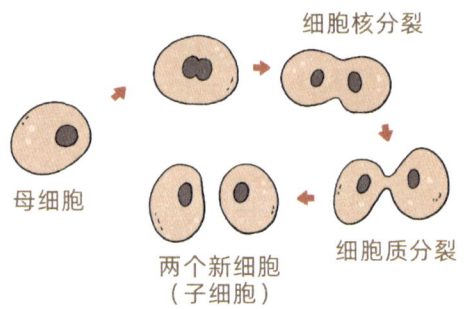

单细胞的无性繁殖

随着细胞的出现，以及多细胞生物的出现，生命的结构和形态越来越复杂，无性繁殖的方式也变得多种多样。但总体上，这种繁殖方式产生的后代都直接来自母体，不需要两个生殖细胞的结合。

土豆块茎发芽

常见的无性繁殖可多了，你能举出几个例子吗？

无性繁殖方式作为生命早期繁衍后代的首选方式，一定有其明显的优势，如繁殖速度快、节省能量和资源等。

无性繁殖能够快速产生后代，以抵御外界威胁。一般来说，细菌的繁殖时间很短，通常在几十分钟到几小时之间；而病毒的繁殖时间则更短，甚至只需要几分钟就能繁殖一代。

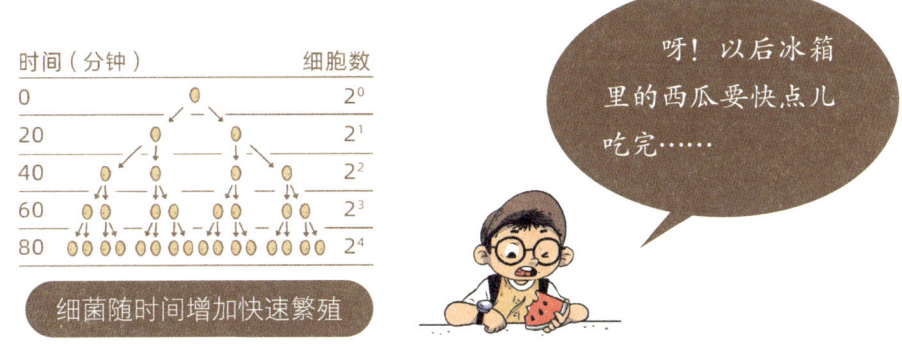

细菌随时间增加快速繁殖

另外，无性繁殖无须寻找伴侣，也无须烦琐的交配过程，节省了时间和能量。

由于后代的基因与母体一样，遗传特征稳定，这种繁殖方式很适合在稳定环境下生存的物种。

扦插茶树苗

给基因动手术

凡事有优点就有缺点，无性繁殖的缺点也十分突出。

首先，由于无性繁殖产生的后代与母体相同，缺乏基因的多样性，一旦环境发生变化，整个种群都受到巨大威胁，这会导致更高的适应成本。

雄性孔雀开屏吸引雌性孔雀

要是能无性繁殖，就不必这么煞费苦心了。可为什么大多数生物都选择有性繁殖呢？

其次，由于遗传的单一性，无性繁殖的种群适应性较低，面对环境变化或者竞争对手的出现，可能无法适应。

讨厌的霉菌

霉菌对湿度很敏感，家里干燥一些，东西就不容易发霉啦！

正是这些缺点，使得无性繁殖不是大多数生物最理想的繁殖方式。

由于环境压力和生存竞争的加剧，继无性繁殖之后，生物界又演化出了**有性繁殖**方式。这种繁殖方式需要两个不同性别的个体参与，即雌性生殖细胞和雄性生殖细胞的相互结合。

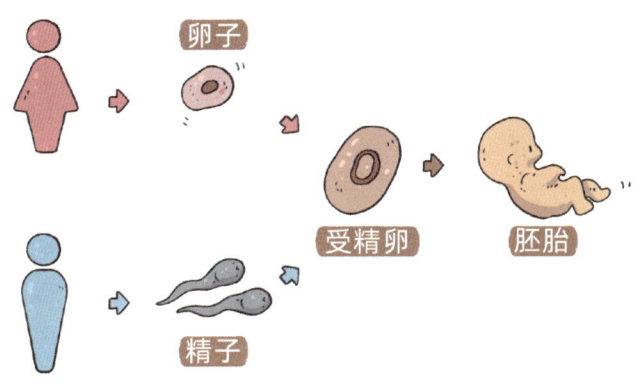

有性繁殖主要包括两个过程：第一个是**减数分裂**过程，即体细胞中的染色体一分为二，形成两个染色体个数减半的生殖细胞。动物雄性的生殖细胞叫精子，雌性的生殖细胞叫卵子。第二个是**受精过程**，即分别来自雄性和雄性的两个生殖细胞融合，并恢复原来的染色体个数。这两个过程不仅使两个生物体产生了后代，而且还完成了后代的基因重组，使得后代的基因与其父母都不相同。

给基因动手术

有性繁殖产生的后代在遗传上更为多样化,这使得后代能够更好地应对环境的变化,从而提高了种群的生存概率。这也就是达尔文所说的**"物竞天择,适者生存"**的原理。

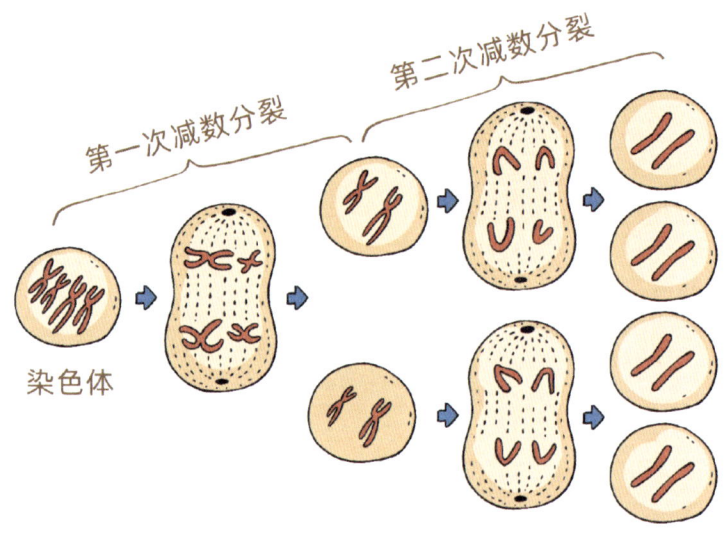

有性生殖细胞的产生过程

数亿年来,绝大多数无性繁殖的物种已遭大自然的无情淘汰,有性繁殖最终成为生物界普遍存在的繁殖方式。

如今,除了细菌、真菌、某些无脊椎动物及线虫仍采用无性繁殖外,绝大部分的高等生物普遍以有性繁殖方式为主。

因此本质上,有性繁殖本身也是自然选择的必然结果,因为它提供了更大的适应性、基因多样性和生存优势。

有性繁殖方式在自然演化的过程中取得了竞争优势，不代表它就没有缺点。

比如，**遗传多样性**有助于物种适应环境的变化，这既是有性繁殖的优点，同时也是它的缺点，因为这也增加了出现遗传缺陷和疾病的风险。

同样的道理，如果物种中偶然出现了非常优良的个体，它的基因组合也很难大规模遗传下去，并且会随着个体的死亡而消失。

爱因斯坦

这么聪明的大脑怎么就消失了呢？

1万多年来，人们不断筛选、驯化、培育着优良的动植物品种，以丰富人们的餐桌，改善人们的生活。如果最优良的动植物品种不能长期保留，无疑是很大的损失。

"人中吕布，马中赤兔"，我也想要一匹赤兔战马。

给基因动手术

怎样才能长期保留那些优良的动植物品种呢?

很多植物,在自然环境下它们通过开花结果繁殖后代,这是有性繁殖方式,但通过人工的扦插、嫁接等无性繁殖方式,也能成活,比如苹果、桃、梨、柑橘、葡萄等水果的扦插或嫁接等,红薯、土豆还可以通过块茎繁殖。

果树嫁接示意图

嫁接和扦插的方法,可以让好吃的水果品种留下来!

嫩枝的扦插希腊文叫"Klone",正是英文"Clone"的前身,发音**"克隆"**。这种无性繁殖是由母体的一部分直接形成新个体的繁殖方式,其遗传物质与原个体的遗传物质完全相同。

嘻嘻!"克隆"就是枝条扦插的意思。

现在，**克隆**的范畴已远远超出植物扦插的范畴，它泛指植物或动物等生物体通过体细胞进行的无性繁殖，以及由无性繁殖形成的基因型完全相同的后代个体。

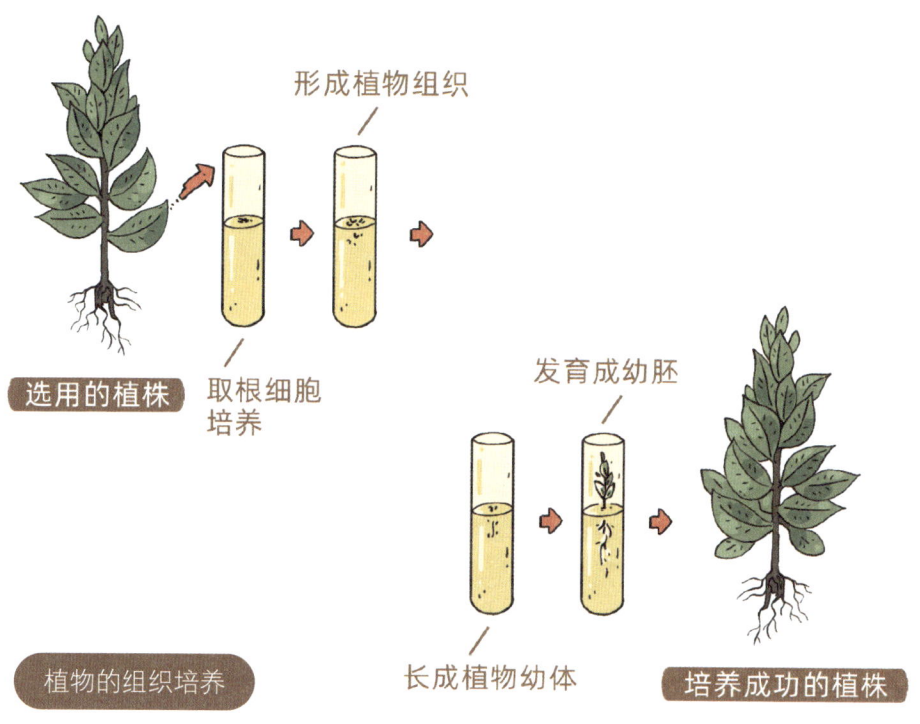

植物的组织培养

植物的克隆现象较为常见，人们可以利用这些方式将优良的作物品种扩大种植并长期保留下来。然而，动物（特别是高等动物）只有有性繁殖一种途径，想要克隆出一个后代很不容易。

给基因动手术

除了转基因动植物外,20世纪基因工程上的另一项伟大成就是**动物克隆技术**。

为什么动物克隆这么困难呢?

主要原因是动物的每一个体细胞在功能上已经高度分化了,比如变成了皮肤细胞、脂肪细胞、肝细胞等。这些细胞无法像卵细胞一样有着分化的无限可能。那么,体细胞还有重新开始发育的可能吗?

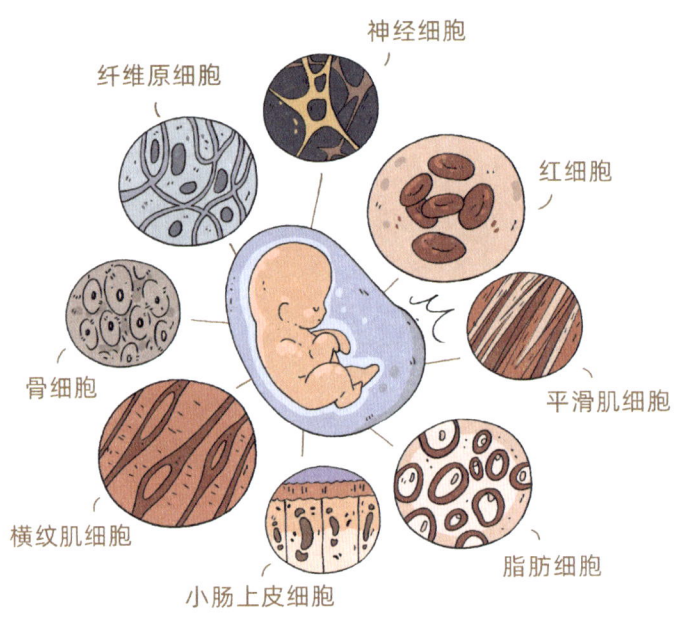

人体由200多种,40万亿到60万亿个细胞组成

1964年，英国科学家**约翰·戈登**成功地找到了一种动物克隆的解决方案。

他找来非洲爪蟾，通过紫外线照射破坏其卵细胞的细胞核。然后，他取出爪蟾的体细胞，再取出体细胞的细胞核，将其放进已被破坏细胞核的卵细胞内。如此一来，爪蟾的体细胞核就成了卵细胞的"新主人"。

经过一段时间的发育，奇迹出现了。部分换核的卵细胞竟然长成了活蹦乱跳的爪蟾！

成活的克隆爪蟾

天哪，克隆出了这么多一模一样的活物！

真正让克隆技术家喻户晓的是**克隆羊"多莉"**的诞生。

1996年,英国《自然》杂志公布了**伊恩·威尔穆特**等人的重要研究成果:经过247次失败后,他们成功地通过无性繁殖产生了第一只哺乳动物——名为"多莉"的雌性绵羊。

英国发育生物学家威尔穆特

"多莉"完全继承了提供细胞核的那只母羊的遗传基因。这一发现瞬间引起了全世界的广泛关注,克隆技术成为人们热议的焦点。

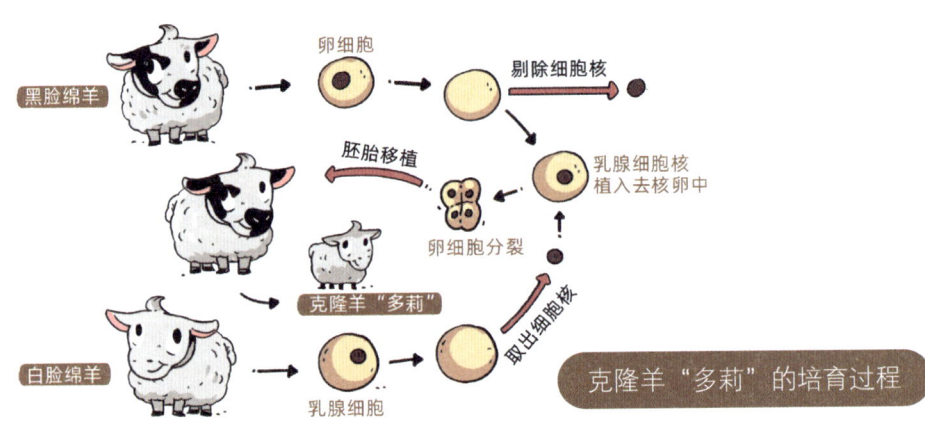

克隆羊"多莉"的培育过程

"多莉"的成功，鼓舞了全世界的科学家们，克隆哺乳动物如同雨后春笋般涌现：克隆鼠、克隆牛、克隆兔、克隆猪……当人类的近亲——猴也被成功克隆时，人们在感到惊喜的同时，也开始担忧起来："**克隆人**"是否会很快诞生呢？

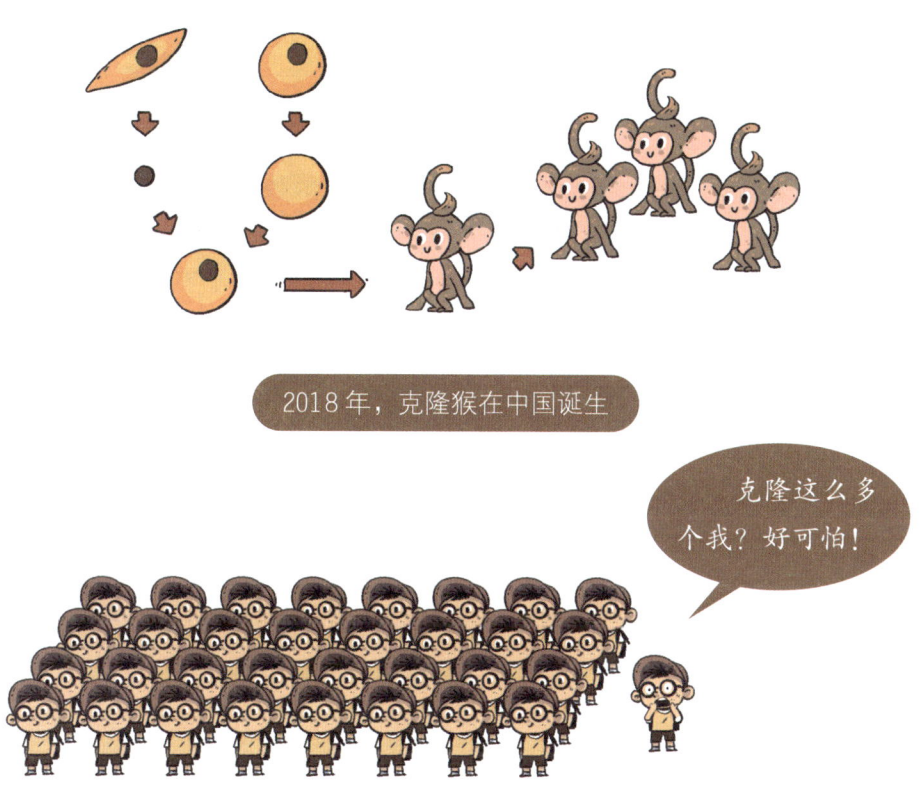

2018年，克隆猴在中国诞生

克隆这么多个我？好可怕！

显然，从伦理、道德、法律等各方面来看，人们都尚未作好迎接"克隆人"的准备。2005年3月8日，《联合国关于人类克隆宣言》正式生效，宣言明确禁止一切形式的人类克隆。

给基因动手术

随着克隆技术的不断成熟,以及克隆动物范围的逐步扩大,科学家们开始考虑:**也许克隆技术可以在保护濒危物种方面发挥重要作用。**

濒临灭绝的"长江女神"白鱀豚

克隆技术能救救它吗?

甚至有可能成功克隆出已经灭绝的动物?

4000 年前,体形巨大的**猛犸象**突然灭绝,从此在地球的历史长河中彻底消失。幸运的是,科学家们已经在西伯利亚的冻土层中发现了大量保存完好的猛犸象遗体。由此,科学家们取得了猛犸象的高质量 DNA 样本。

猛犸象骨骼化石

不过克隆猛犸象的难度仍然很大，因为需要完整的猛犸象 DNA，用于换核的适于猛犸象 DNA 生存的卵细胞，以及适合孕育新细胞的母体。但愿现代生物科技能够攻克这些难题，让小朋友们早日看到猛犸象公园！

由此可见，克隆技术不仅为高等动物提供了一种新的繁殖方式——无性繁殖，还在濒危物种的保护和人类医疗等方面发挥着越来越重要的作用。

给基因动手术

虽然克隆技术不能直接用于克隆人类,但在医疗领域仍具有广泛的应用前景。

干细胞是人体中尚不成熟的细胞,具有再生各种人体组织器官的潜在功能。

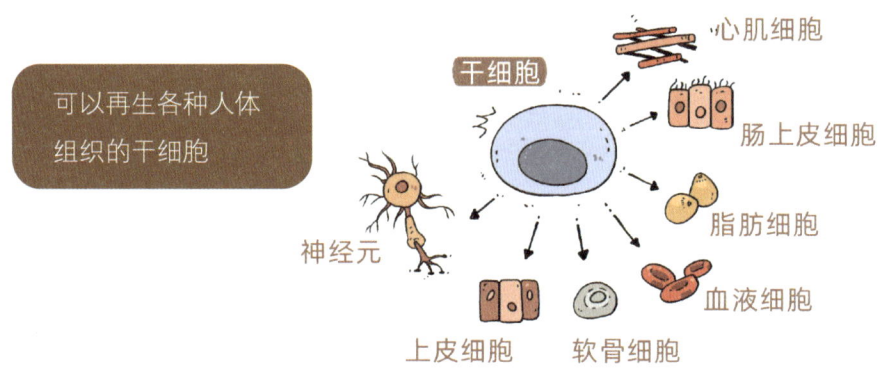

可以再生各种人体组织的干细胞

2008年,日本科学家利用人类胚胎干细胞培育出能自我生长的脑细胞组织。

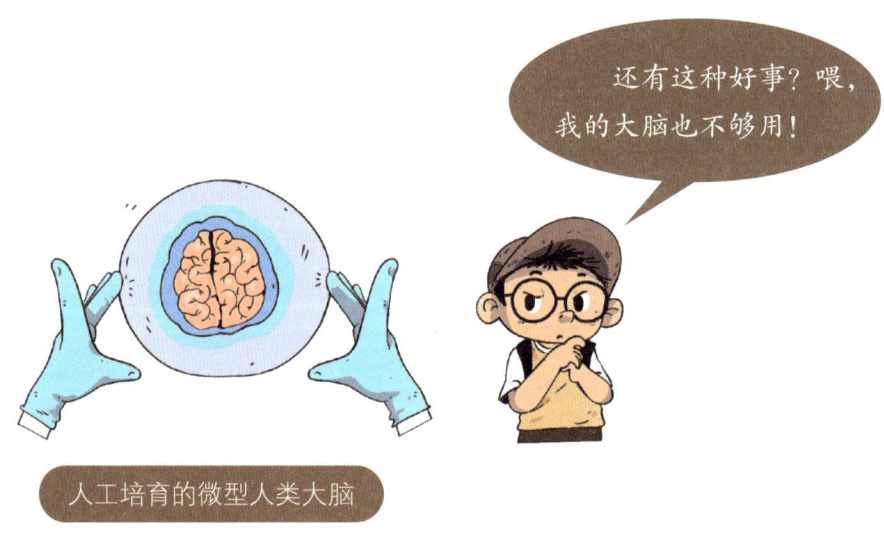

人工培育的微型人类大脑

此后，全世界的科学家们开始尝试利用干细胞来培育人体各种组织和器官，如肝、肾、胃、眼等。这项技术取得了重大进展，尤其是在体外培育组织和器官的技术方面。

这些未发育完全的活体组织被称为"**类器官**"，它们具有真实器官的结构和功能，可以用于特定疾病的治疗实验和药物测试。

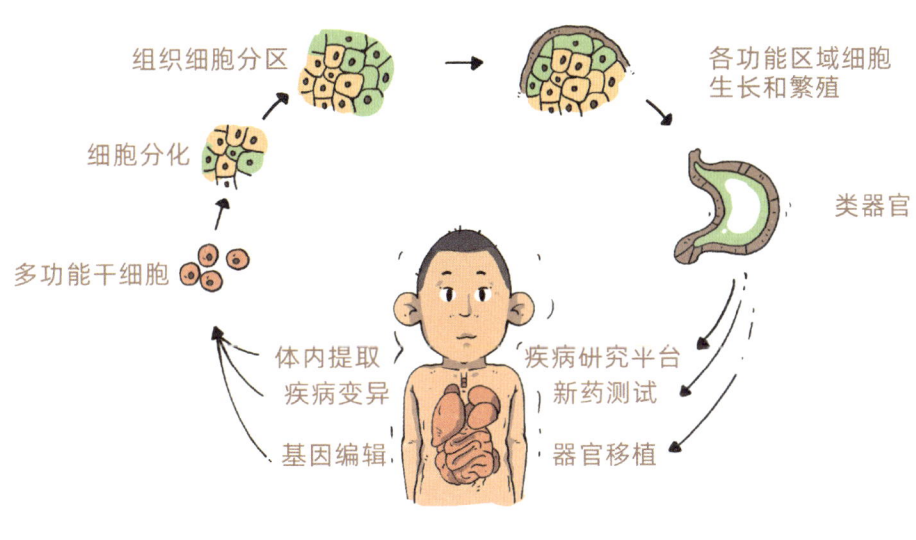

培育和使用人体"类器官"的大致过程

给基因动手术

2013年,美国的科学家团队利用人类干细胞,成功地培育出了心脏组织,包括心肌细胞和血管细胞。这一重大突破为研究心脏发育、心脏病理生理学以及心脏疾病的治疗方法提供了新的途径。

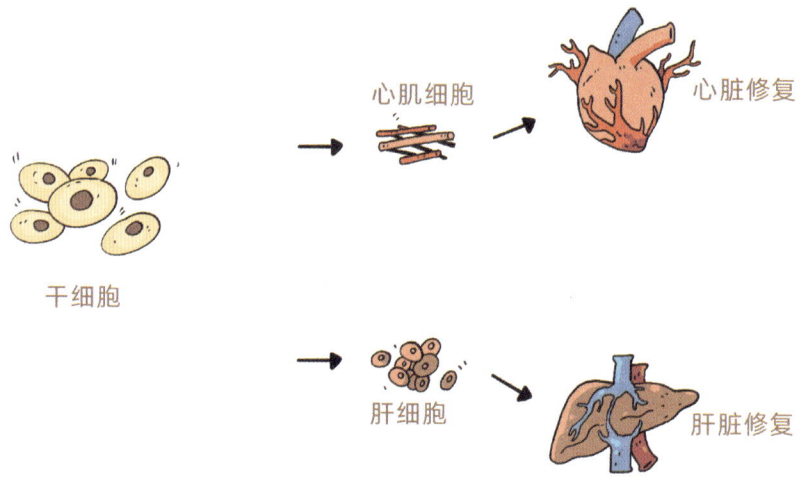

同年,日本的科学家团队利用人类干细胞,成功地在体外培育出了肝脏组织,包括肝细胞和胆管细胞。这一研究成果为肝脏疾病的治疗和肝脏功能的替代提供了新的希望。

2018年，中国同济大学的科研团队发表报告，他们从患者肺部支气管上皮中分离出了肺干细胞，然后进行了原位移植。几个月后，干细胞逐渐形成了新的肺泡和支气管结构。

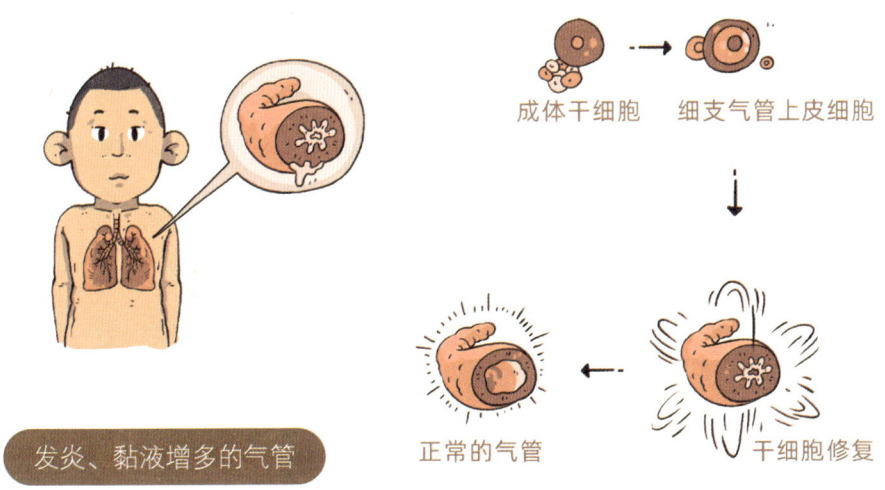

2019年，美国科学家团队通过干细胞技术培育出了人工肾脏组织。

虽然只是部分的克隆技术，但干细胞培育人体组织的研究进展，对人类医学和健康的影响非同小可，它为疾病治疗、器官移植和药物研发等医学领域带来了革命性的变化。

给基因动手术

除了重要的脏器外，人类的四肢以及全身大部分组织，一旦失去就意味着永远失去，比如手指头、耳垂、鼻尖等。

然而，有一种叫**蝾螈**的两栖类动物却不必担心这些损伤，它即便失去一条腿，也能在30～60天内再生，这一"特异功能"是任何哺乳动物和鸟类都做不到的。

蝾螈腿部再生

蝾螈超强的再生能力是如何获得的呢？这种再生能力如果能够为医学所用，对人类的帮助可就太大了！

蝾螈的再生能力，让人们看到了**再生医学**的前景，使得再生医学正成为一个备受关注的领域。

人上了年纪后，身体的很多器官和生理机能都会出现故障，比如膝盖会咔咔作响，手指会僵硬肿胀等。或许在未来，再生医学不仅能让我们长出新的四肢，更重要的是能够改善我们身体上某些衰退的功能。

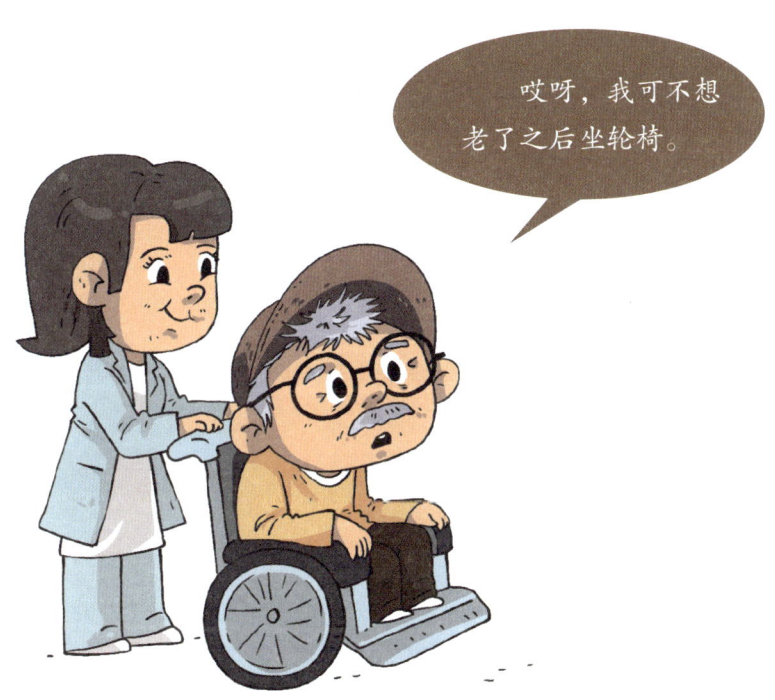

哎呀，我可不想老了之后坐轮椅。

因为，研究人员已经发现了某些特定的基因在蝾螈再生肢体时发挥了关键作用，让我们期待科学家们尽快揭开谜底。

给基因动手术

看起来很美好的基因治疗

目前，世界上大约有几千种常见疾病和几万种常见药物，每个人都或多或少地遭受着不同疾病的困扰。对于大多数人来说，疾病如影随形。

随着科学家们对疾病了解的不断深入，以及科技的快速发展，大多数常见疾病都能得到准确的诊断与治疗。特别是有了**人工智能**的参与，很多疾病的诊断与治疗变得更加准确，治疗也更加高效。

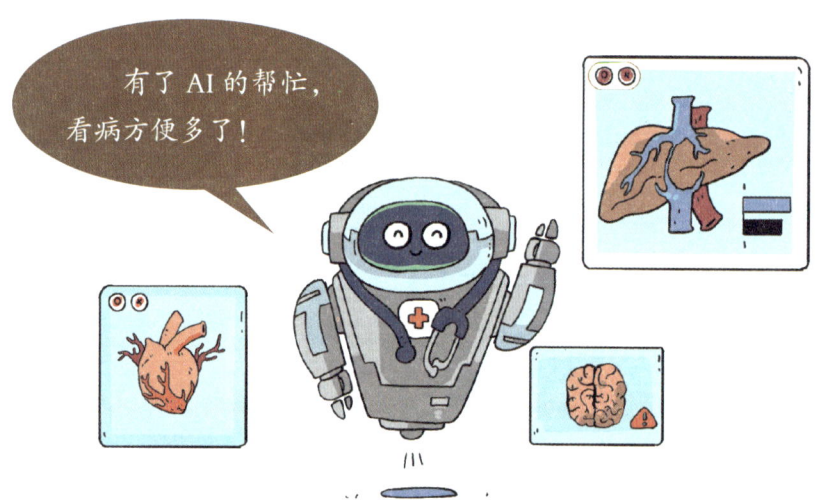

比如，**磁共振成像技术**能够帮助医生更准确地诊断疾病。核磁共振对人体没有辐射影响，成像更加清晰，能够显示更多细节，可以对脑、心、肝、肺等的病变进行准确判定。

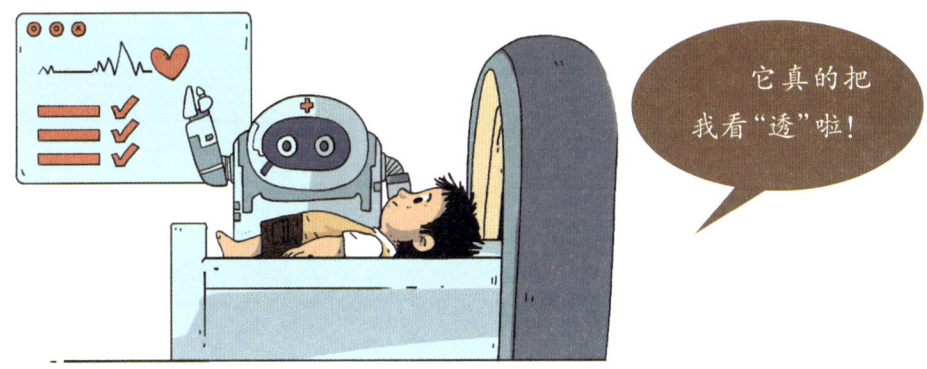

另外，曾经获得过电视大赛冠军的人工智能机器人**沃森**，在参加了电视比赛之后，又学习了治疗癌症的病例。它记住了超过300份的医学期刊、200余种教科书以及1500多万页的诊断资料，可以为癌症患者提供精准诊疗。

智慧医院的"超级医生"

给基因动手术

再比如，**医疗机器人**已经能够参与手术，它可以协助医生进行复杂的微创手术。

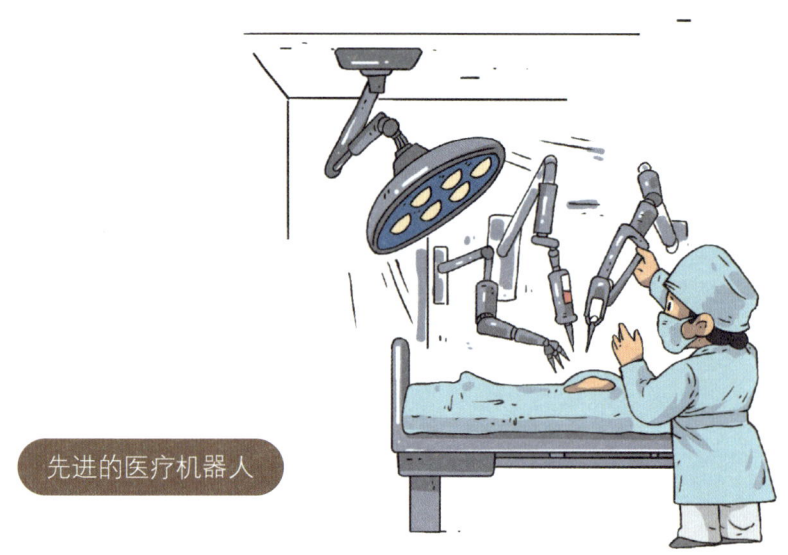

先进的医疗机器人

在这些医疗手段不断提高的同时，科学家们也在思考：人类的疾病是怎样产生的呢？能不能从被动地治疗疾病，变为主动预防疾病呢？

这还真有可能，因为疾病的源头就是基因！人类所有的疾病，都与我们体内的基因，也就是我们的遗传物质息息相关。

所有疾病都与基因有关？这种说法似乎有点偏颇了吧！

有些遗传类疾病与基因有关，这好理解，可是还有很多的疾病，比如摔倒骨折了，或者病毒引起的感冒，这些来自外部的侵害也与基因有关吗？这个问题将在本章的中间部分着重解答。

给基因动手术

前面讲过，人类的DNA中包含有30亿对碱基字母的遗传信息。根据"中心法则"，碱基字母按照每三个字母决定一个氨基酸的方式生产着我们身体所需的所有蛋白质分子。这些蛋白质最终决定着我们身体的各种特征，比如高矮胖瘦、单双眼皮、皮肤深浅等。

蛋白质的生理功能

一旦DNA上碱基字母的排列出现了差错（变异），则可能会影响特定蛋白质的合成，导致某种疾病的产生。即便这些基因变异并没有引起直接的后果，也可能会影响人体对疾病的抵抗力。

如果某些基因变异来源于父母,并直接导致了疾病的产生,这就是人们所说的**"遗传病"**。

假如遗传病由单个基因引起,就叫**"单基因遗传病"**。人类大约有上万种单基因遗传病,包括很多的罕见疾病,而人类基因组总共才两万多个基因,这个比例是非常惊人的。

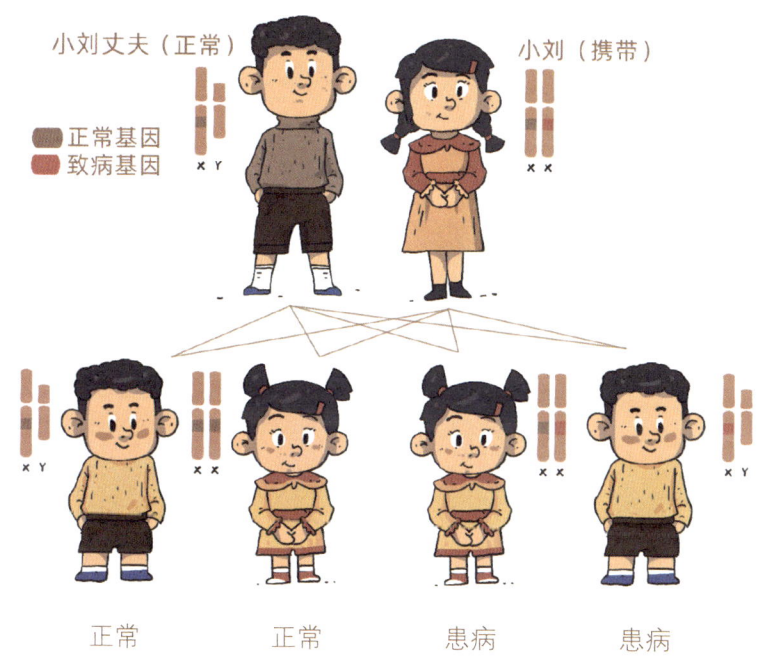

单基因遗传病诊断起来相对简单清晰,然而,很多疾病受许多遗传变异的共同影响,属于复杂的**多基因遗传病**。比如:导致"兔唇"发病的变异基因多达数十种。

给基因动手术

多基因遗传病的复杂性往往还体现在受环境因素的影响。比如：近些年来，我国中小学生**高度近视**的发病率呈上升趋势，这是为什么呢？

科学家们认为：一方面，亚洲人群中与近视相关的基因变异较大，数十个相关基因变异后，容易引发高度近视。

世界卫生组织 2019 年报告的全球近视率分布

另一方面，孩子们普遍用眼过度，并且缺乏户外运动，这也与近视的发病率高密切相关。

很多复杂疾病可能受到几十个基因的共同影响，并且还有年龄、性别以及饮食、睡眠和其他生活习惯等因素的干扰，因此很难判断遗传因素具体起到了哪些作用，但可以肯定，其中必有基因的参与！

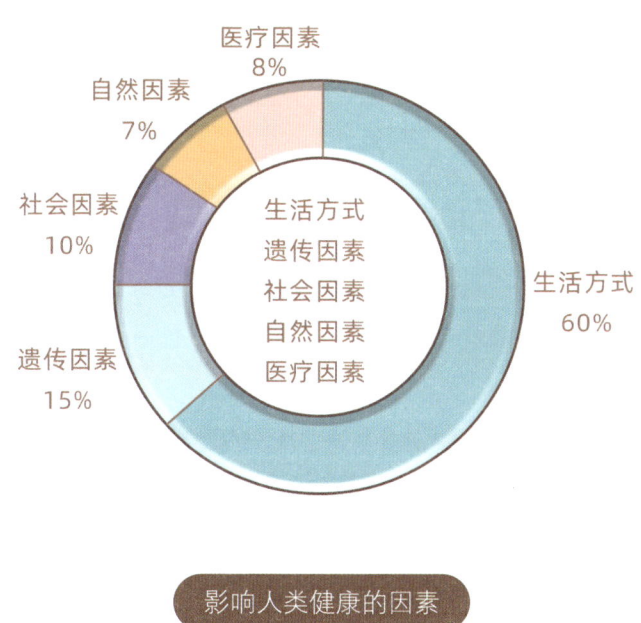

影响人类健康的因素

排除掉所有遗传变异导致的疾病后，难道就没有其他疾病了吗？本章的开头怎么说"所有"疾病都与基因有关呢？我们来举例分析一下。

给基因动手术

就拿因摔倒导致的**骨折**来说吧，这不是 100% 外力造成的吗，与遗传因素有什么关系呢？

表面上看，骨折好像不是遗传因素引起的，但可以说它是**骨质疏松**的直接后果。因为在相同的力度下摔倒，骨质疏松的人更容易骨折，后果也会更严重。而骨质疏松与遗传因素有着 30%～60% 的关系！

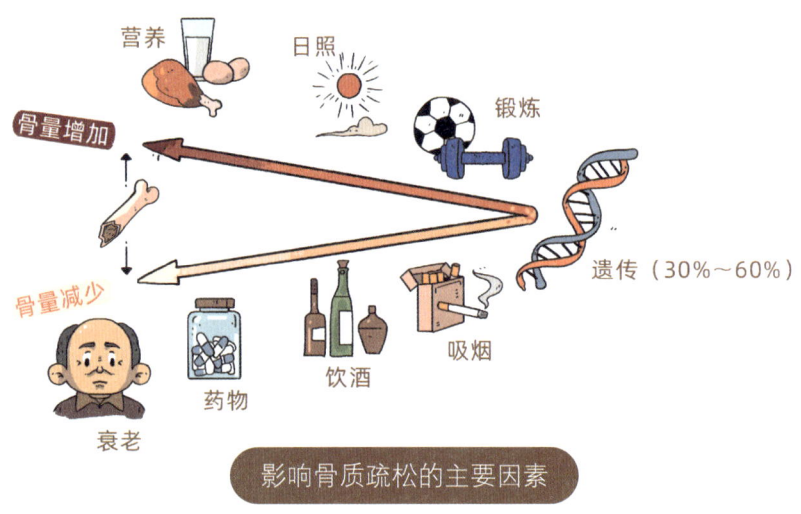

影响骨质疏松的主要因素

看起来很美好的基因治疗

当然，疾病不完全来自基因的遗传变异，人体自身的**基因突变**也会引发很多疾病。

前面介绍过，人体的每个细胞内都有一份完整的DNA拷贝，这份拷贝的每条长链上都有多达30亿个"字母"，一丝不苟地按顺序排列。

而一个成年人的人体则由大约40万亿个细胞组成，这就意味着从一个受精卵开始，人类的DNA双螺旋要被解开并被抄写（复制）40万亿遍！

细胞复制的精确度是相当惊人的，每抄写10亿个"字母"才出错一次！相当于我们抄写《新华字典》近300遍，只允许错一个字，这是不可能做到的。

给基因动手术

即便有超高的精确度，人类的 DNA 每复制一次还是会错 3 个"字母"，也就是 3 个**点突变**。因此，细胞分裂的次数越多，错误的累积就越多，最终就可能引发**癌症**这类疾病。

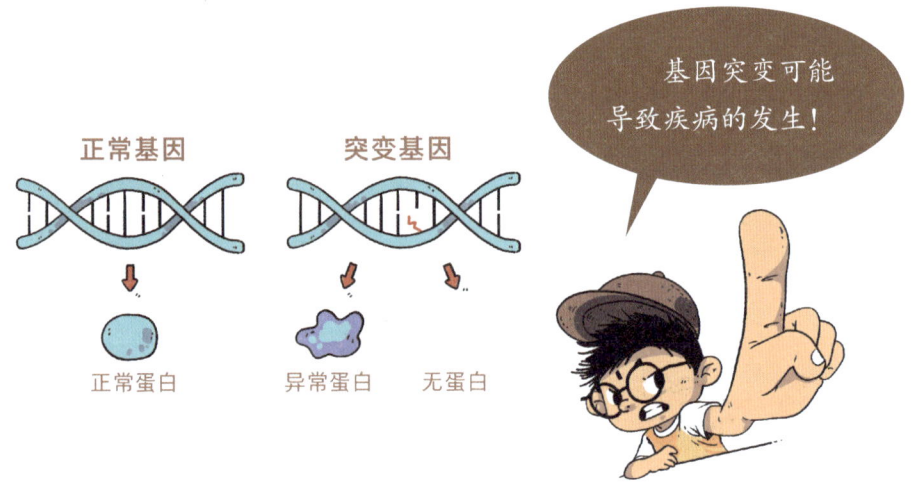

由 DNA 和蛋白质组成的染色体，就像蛇窝里的蛇一样，它们不断地出生再扭动分开，无休无止。

DNA 长链上只要发生轻微的突变，就有可能导致日后的疾病，比如糖尿病、阿尔茨海默病等。

基因与疾病的关系竟然如此紧密。惊讶之余，聪明的你是不是立即想到：如果我们能够精确地修复人体内受损的 DNA，不就能从根本上战胜很多疾病吗？

科学家们也正是这么想的！如果可以从变异的基因入手，那么相对于传统的治疗方法来说，前者是"治本"而后者仅是"治标"。

如果能够修改患者体内的变异基因，我们也许能彻底治疗成千上万种单基因遗传病！

给基因动手术

如此一来，人类将一劳永逸地消除大部分病痛！**基因治疗**多么神奇啊！

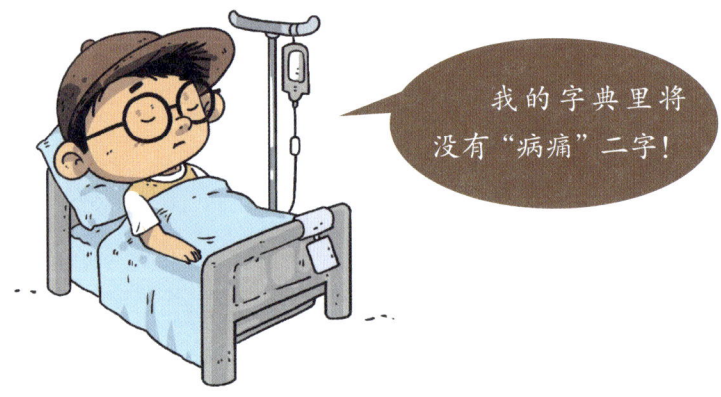

1963年，美国的分子生物学家**约书亚·莱德伯格**就提出了人体可以引入基因的设想。

美国分子生物学家莱德伯格

随后的20年，随着克隆技术的成功以及其他生物技术的发展，**向动物细胞中引入基因已经成为现实。**

1990年，世界第一例**基因治疗**在美国被批准实施。4岁的小女孩德西尔瓦的免疫功能几乎全部丧失，她的主治医生叫威廉·安德森。

安德森医生和德西尔瓦

安德森医生先提取了小女孩的白细胞，在体外进行基因改造后，再将改造后的白细胞重新输回她的体内。手术后，改造后的白细胞在体内正常工作，小女孩恢复了免疫能力。这是人类首次在基因治疗上获得的成功！

给基因动手术

接着又有两例相似的基因治疗案例同样获得了成功，随后，基因治疗像超新星爆发一样，迅速照亮了整个地球。此后的10年间，全世界有超过4000名患者接受了基因治疗。

然而，基因治疗的热潮像肥皂泡一样，吹得越大，破灭得就越彻底。除了最初安德森的成功之外，后来所有基因治疗的临床试验都失败了。

为什么基因治疗的思路是可行的，但实际推广起来却行不通呢？

看起来很美好的基因治疗

我们先来看看科学家及医生们实施基因治疗的具体办法。

由于细胞过于微小,想要将外部的基因带入细胞内,可不是一件简单的事情,因为没有那么细小的针头可以直接将基因注入细胞。

因此,只能利用**保罗·伯格**首次重组 DNA 的办法,即利用大自然中病毒通过感染细胞来传递基因片段。

给基因动手术

整个过程可以简化为三个步骤：

第一步，先将人体的特定细胞取出；

第二步，利用病毒将目标基因片段送入细胞内，修改特定细胞的 DNA；

第三步，将接受基因编辑的细胞注入人体。

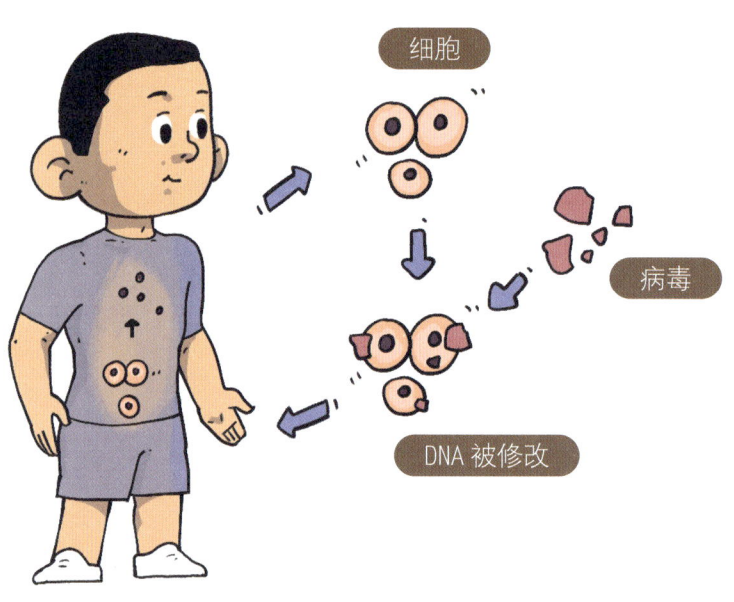

基因疗法的主要步骤

病毒是天生的基因运输能手，选择毒性很低的病毒用于人体，思路看起来无懈可击，但是，似乎哪里还有问题。

直到 1999 年，因为一起沉痛的基因治疗事故，科学家们才如梦初醒。

18 岁的男孩基辛格患有罕见的蛋白质代谢疾病，必须大量服药才能维持生命。当年 9 月，基辛格接受了基因治疗。在临床试验期间，作为检验试验流程的一部分，需要给病人注射载体病毒的空壳。

不幸去世的男孩基辛格

基辛格在接受病毒注射后，当晚就陷入高烧和深度昏迷，直至不幸死亡。

原来，这个临床试验犯了一个常识性的错误：忽略了人体的**免疫反应**！

给基因动手术

当人体识别到有外部微生物入侵之后，人体的**免疫系统**会迅速启动，释放出大量"杀伤性武器"，以围攻入侵者。

如果免疫反应过于剧烈，这些迅速聚集的"杀伤性武器"会转而杀伤人体本身的细胞和组织。

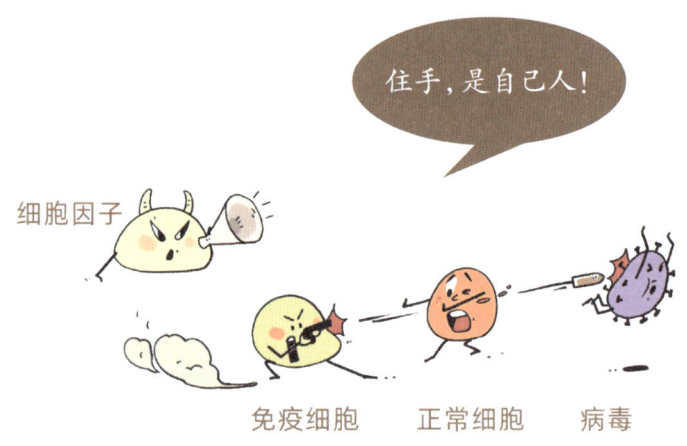

过于剧烈的免疫反应

因此，有些感染性疾病，比如禽流感，之所以致命，并非病毒本身的攻击，而是人体免疫反应太过强烈。

事后调查发现：基辛格的不幸正是**免疫反应**引起的。

基辛格的死给狂热的基因治疗狠狠泼了一盆冷水！

时至今日，看上去很完美的基因治疗还仅停留在起步阶段，即便是单基因遗传病也做不到对突变基因的"精确修复"，更别提多基因遗传病了。

知识延展：人类基因组计划

在 20 世纪末至 21 世纪初，"**人类基因组计划**"（HGP）可以说是科学界最具影响力的国际合作项目之一。

人类基因组计划徽标

HGP 的主要目标有：测序人类基因组的全部 30 亿个碱基对；识别和定位人类基因组中的所有基因（约 2 万到 2.5 万个）；开发新技术和方法来分析和管理这些数据等。

1988 年，美国提出了人类基因组计划，来自美国、英国、日本、法国、德国和中国的科学家们共同参与了这一国际合作项目。

1990 年，HGP 正式启动，计划在 15 年内完成。

2000 年，人类基因组的初步草图绘制完成，并在白宫发布。

知识延展：人类基因组计划

2003年，HGP提前两年完成，准确测定的基因覆盖了人类基因组的99%，准确度为99.99%。

HGP产生了大量的人类DNA序列数据，这些数据经过整理、注释和分析后，被存储在多个公开数据库中。数据库内容包括完整的人类DNA序列信息，基因的位置、结构、功能预测等，基因组变异信息以及基因在不同组织、不同发育阶段的表达信息等。

给基因动手术

人类基因组信息库是 HGP 的直接产物和重要成果，是现代生物学和医学研究的基石。它不仅为科学家提供了宝贵的研究数据，还在多个领域产生了广泛而深远的影响。

人类基因组序列的精度已经达到 99.99999%！

比如，它促进了对遗传病、癌症和其他复杂疾病的研究，推动了个性化医疗的发展；加速了新药的研发，特别是基于基因组信息的**靶向治疗药物**等。

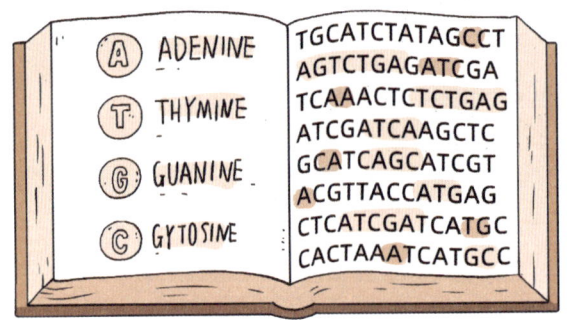

因此，人类基因组计划是生物学和医学史上的一座里程碑，它不仅揭示了人类基因组的基本结构和功能，还推动了技术创新和科学进步。

第三篇 改写生命的密码

什么是基因编辑？

上一章讲到，在每个人的一生中，或大或小、或急或慢的疾病不时发生，有些疾病甚至与人相伴终生，所有的疾病都与人体的遗传物质（DNA）有着直接或间接的联系。

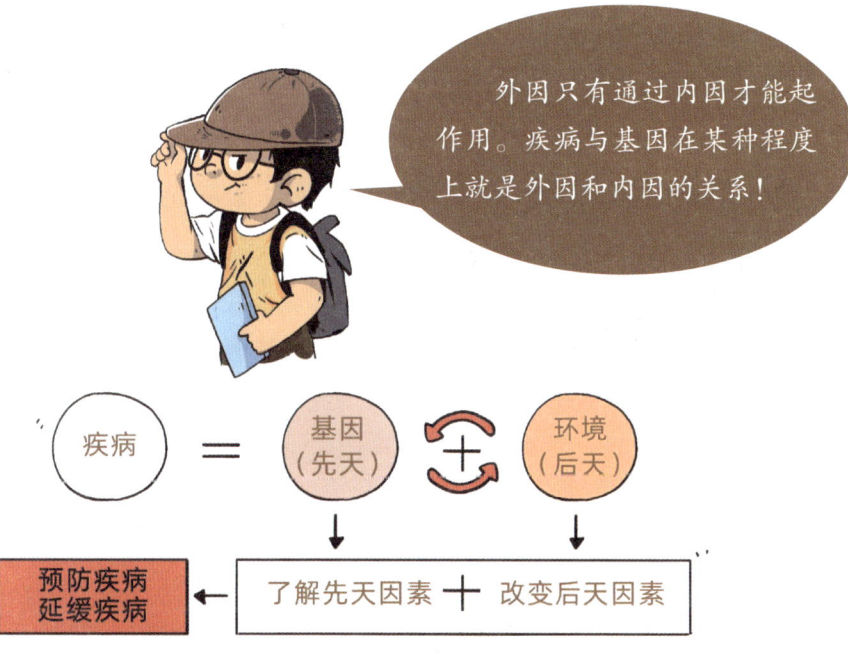

DNA 上的基因通过指导对应蛋白质分子的合成，对我们的身体样貌产生决定性影响，比如眼皮的单双、肤色的深浅以及身体的高矮等。这是基因在正常状态下的工作成果。

改写生命的密码

然而，当某个（某些）基因存在异常时，可能会直接导致疾病的发生，如某些贫血症、白化病等；也可能间接地引发抗病能力的减弱，如容易患近视、高血压等。

人类的 DNA 由 30 亿对"字母"写成，字数相当于 200 本大开本字典那么多。但 DNA 并不是一整条，而是分成了长短不一的 46 段，被蛋白质包裹在 **46 条染色体** 里。

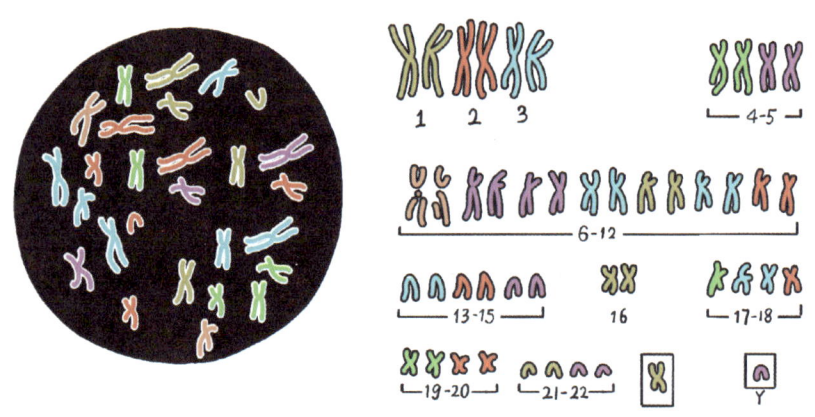

哇哦，这就是我们全部的生命密码！

因此，人类的 DNA 更像是一套非常厚重的"46 卷"**设计图**，而 2 万多个基因就是按照顺序排列的一张张"**图纸**"。这些图纸指导生产各种蛋白质"**构件**"，最终组成我们的身体。

如某张"**图纸**"（**基因**）出现问题，由它指导生产的"**构件**"（**蛋白质**）就会出现瑕疵或缺失，导致我们的身体患病。

改写生命的密码

那么医生应该怎么办呢？显然有两种办法：一是补充"构件"（蛋白质）；另一种就是更换"图纸"（基因）。

补充"构件"的方法相对容易实现，即向人体补充出现瑕疵或缺失的某种蛋白质。

20世纪60年代，中国科学家们取得了一项重要的科学成就，就是在体外成功生产出了一种治疗糖尿病的蛋白质——**人工合成牛胰岛素**。科学家们将氨基酸分子按照特定顺序首尾相连，用化学方法制造出了具有生物活性的胰岛素蛋白。

不过人工制造蛋白质的效率实在太低了，有没有办法利用生物体来帮助我们生产蛋白质呢？

蛋白质的三维结构

我们已经知道，蛋白质分子中氨基酸的序列信息，对应的是DNA分子的碱基顺序。因此，如果我们想要生产一个源自人体的蛋白质，只需要获取它的DNA序列，然后把这个序列放到诸如大肠杆菌或酵母菌之类的微生物中，就可以让微生物帮我们日夜不停地生产人体所需的蛋白质了。

酵母菌（左）、大肠杆菌（右）

改写生命的密码

大致的步骤是这样的：首先，我们需要获取这种蛋白质对应的 DNA 片段（基因），然后，我们需要将这个基因片段连接到细菌的 DNA 上。这个过程被称为**"重组 DNA 技术"**。

> 细菌居然能生成人体蛋白，真是太神奇啦！

人类细胞 → 人类 DNA
细菌 → 细菌DNA
→ 重组 DNA → 人类蛋白

重组 DNA 技术是生物制药领域的革命性发明，自 20 世纪 80 年代后被广泛应用于许多蛋白质药物的生产。

什么是基因编辑？

直到今天，很多慢性疾病的治疗，仍然采用定期注射**蛋白类药物**的办法。

然而，对于患者来说，这项技术并不理想，甚至可能带来很多麻烦。

这是因为蛋白质在人体内是有生命周期的，这意味着患者必须定期进行再注射，以维持药物的有效性。比如一型糖尿病患者，必须每天注射胰岛素。

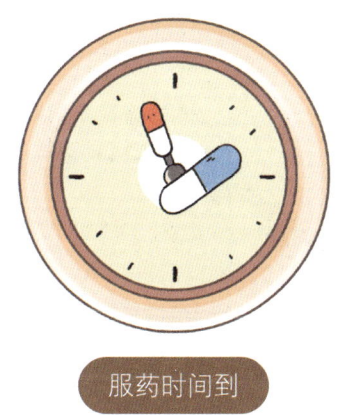

服药时间到

改写生命的密码

另一种方法,就是更换"图纸"的办法,又称**"基因治疗"**。

上一章讲到,20 世纪 90 年代,基因治疗一度成为研究热点。科学家们利用重组 DNA 技术巧妙地将正常基因引入病人的体细胞内,更换缺陷基因,从而重新赋予人体源源不断生产所需蛋白质的能力,以达到根治疾病的目的。

然而,男孩基辛格在接受基因治疗后不幸去世,原因是这种方法引发了人体内部免疫系统的激烈对抗。实践证明,基因治疗方法只是看起来很美好。

直到 2012 年，曾经被寄予厚望，又被打入谷底的基因治疗，终于迎来了一线生机。

经过严苛的临床试验后，**首款基因药物**终于投入使用。这种基因治疗药物利用了一种新的病毒载体，将人类基因重新放回患者的肌肉细胞内，可以治疗一种罕见的单基因遗传病。

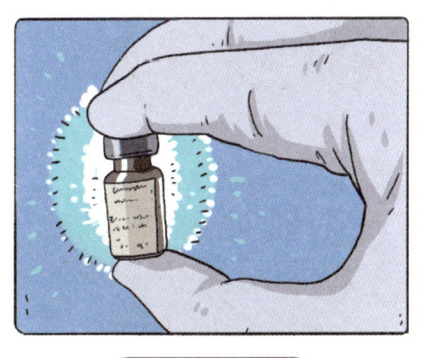

首款基因药物

此后，又有一些基因治疗的药物产品通过了严苛的考验。

改写生命的密码

即便有了几款基因治疗药物的成功案例,但直接使用外部"图纸",从外部向人体引入基因的方法还是存在较大的风险。

那么,是否可以在人体内部的基因上进行直接修改呢?科学家们提出了这个具有挑战性的想法,于是,**"基因编辑"**的概念应运而生。

换图不行,那就改图吧。

什么是基因编辑?

在明确了**问题基因**(①)之后,进行精确的基因编辑需要三项关键技术。

首先,需要准确的**"定位器"**(②),找到需要编辑的基因位置。

 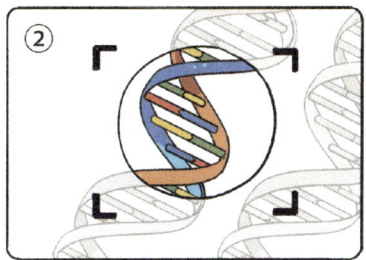

其次,需要足够锋利的**"剪刀"**(③),能够切除掉目标基因。

最后,需要有好用的**"针线"**(④),用于将断开的DNA准确缝合。

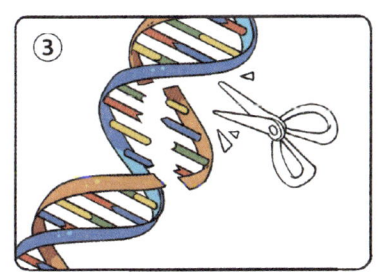 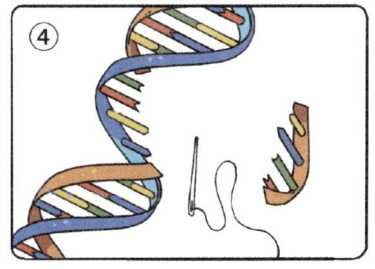

改写生命的密码

这三项关键技术的最难点在于寻找合适的"定位器"。

人类基因组包含约 30 亿个碱基对，要在如此庞大的基因组中准确定位某一特定的基因序列，其难度好比大海捞针，即便人眼一目十行地寻找，若干年也未必能准确找到。

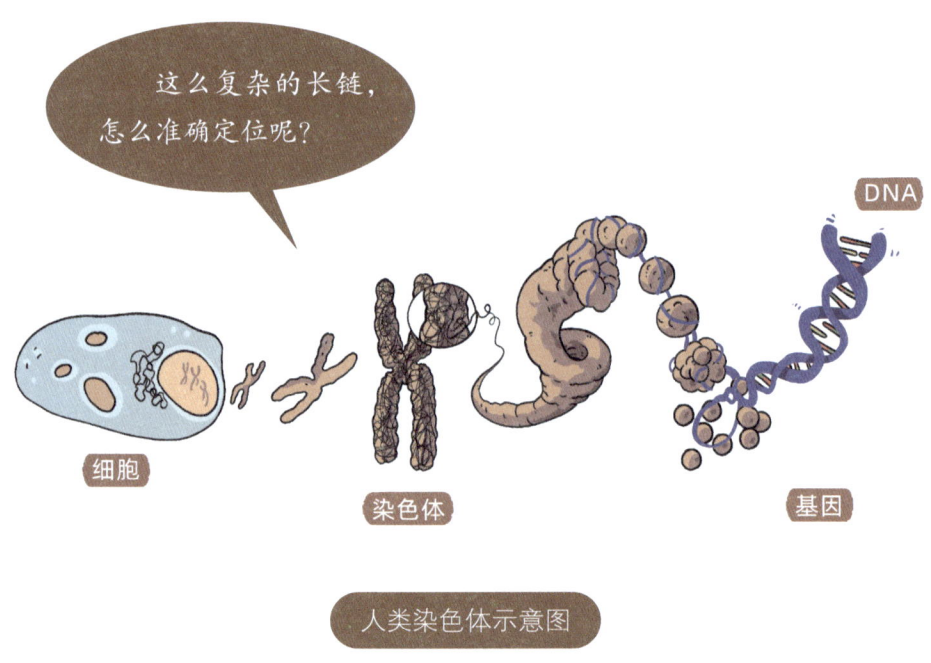

人类染色体示意图

DNA 拉直后是一根大约 2 米的细线，它实在是太细了，直径只有几个埃（百亿分之一米），要是把 DNA 上的碱基字母放大到椰子的大小，那么这根椰子长链可以延伸到月球上！

什么是基因编辑?

DNA 经过多重折叠后，能够塞进肉眼看不见的细胞核中，可想而知，它在细胞内的三维结构何其复杂！这进一步增加了基因定位和剪切的难度。

难道是狗咬刺猬——无处下口了吗？到底怎样才能精确定位基因呢？

早在 20 世纪 50 年代，科学家们就发现了生物体中蛋白质的由来，就是本书第三篇介绍的"**中心法则**"：DNA 先"转录"成 RNA，再由 RNA"翻译"成蛋白质。

从 DNA 到 RNA 这个转录过程是怎么完成的呢？

改写生命的密码

20世纪70年代，美国生物学家**罗伯特·罗德**发现，这个转录过程必须有"装配工人"——RNA聚合酶参与，它能够按照DNA的"图纸"将碱基对应地装配成RNA。

美国生物学家罗德

罗德是个勤奋又严谨的科学家，他并没有止步于RNA聚合酶的发现，而是在更深入的研究之后，确定这个转录过程除了需要"装配工人"外，还得有"助手"的配合，这个"助手"就是"转录因子"的蛋白质。

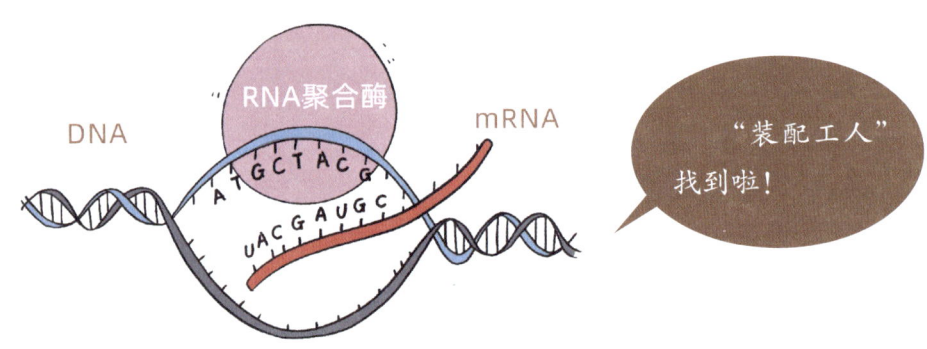

这个叫**转录因子**的助手到底协助"装配工人"什么工作呢？原来，它有"火眼金睛"，在**锌离子**的参与下，它能够找到我们一目十行也发现不了的特定基因。也就是说，转录因子中含有DNA识别模块！

生物学家 克鲁格

1985年，英国生物学家**亚伦·克鲁格**发现，每个识别模块约由30个氨基酸和几个锌离子构成，样子很像一根手指，于是这个识别模块就有了"锌手指"的名称。

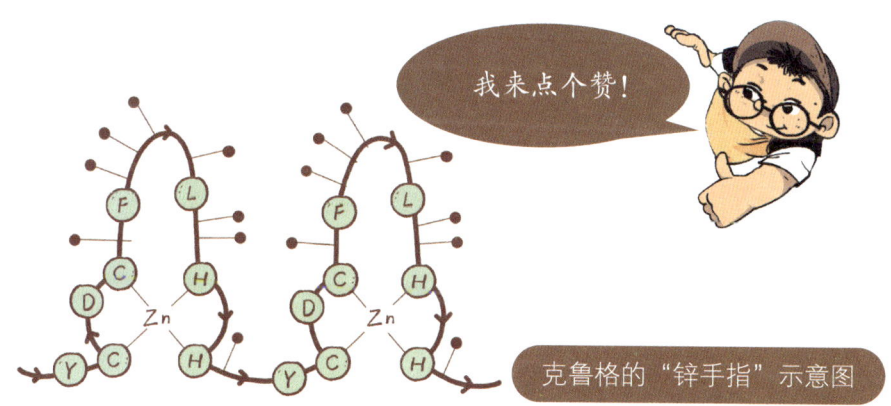

克鲁格的"锌手指"示意图

改写生命的密码

如此一来，这条生成 RNA 的生产线就可以开工了：图纸（DNA）、装配工人（RNA 聚合酶）、助手（转录因子）和原材料（碱基）。

每一根**锌手指**能够识别 3 个碱基序列，两根串联起来，就可以识别 6 个碱基序列，但这还达不到目的，因为人类 DNA 上 6 个连续相同的碱基可能会出现成千上万次。

好在我们还可以接着多串联几根锌手指，大约到 7 根锌手指，就可以识别 21 个碱基长串，这时基本就能识别独一无二的信息了。

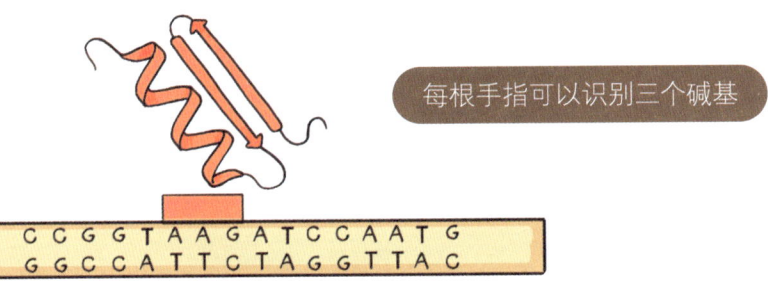

每根手指可以识别三个碱基

有 7 根这样的手指连起来，就能成为准确的基因"定位器"啦！

然而，这在理论上可行，实际操作中并非易事。

首先，每三个不同的碱基排列，就需要找到一个不同的锌手指，碱基排列与锌手指之间也不是一一对应的关系。

其次，两个锌手指串联排列的时候，可能存在相互干扰的情况，从而影响识别效果。

还有，不同的锌手指可以形成多如天文数字般的组合。因此，一套好用的锌手指组合，简直比"金手指"还宝贵。

有了"定位器"，找到准确的基因位置后，接下来拿什么"剪刀"去剪切呢？

改写生命的密码

1996 年，有一类特殊的蛋白质分子——**限制性内切酶**被发现，这类蛋白质有切割 DNA 双链的功能。

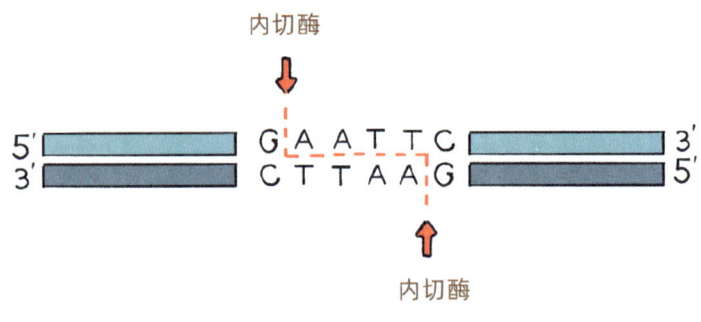

内切酶沿虚线方向切割开 DNA

科学家们自然地想到，将锌手指蛋白与限制性内切酶的剪切模块串联在一起，是不是就能做到精准剪切了呢？

实验证明，这个思路是正确的，这种将两个功能结合起来的复合蛋白质是一个很好的基因编辑工具，它被命名为**"锌指核酸酶"**。

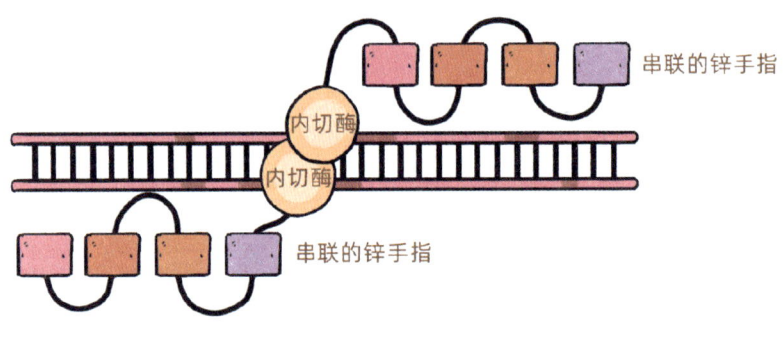

锌手指与内切酶结合成了锌指核酸酶

什么是基因编辑？

　　定位和剪刀都找到了，只要有合适的"针线"再把剪开的DNA接上，整个基因编辑的工作就大功告成啦！什么样的针线才能缝合上DNA呢？

　　踏破铁鞋无觅处，得来全不费工夫。原来，细胞里有天然的"针线盒"可以使用！

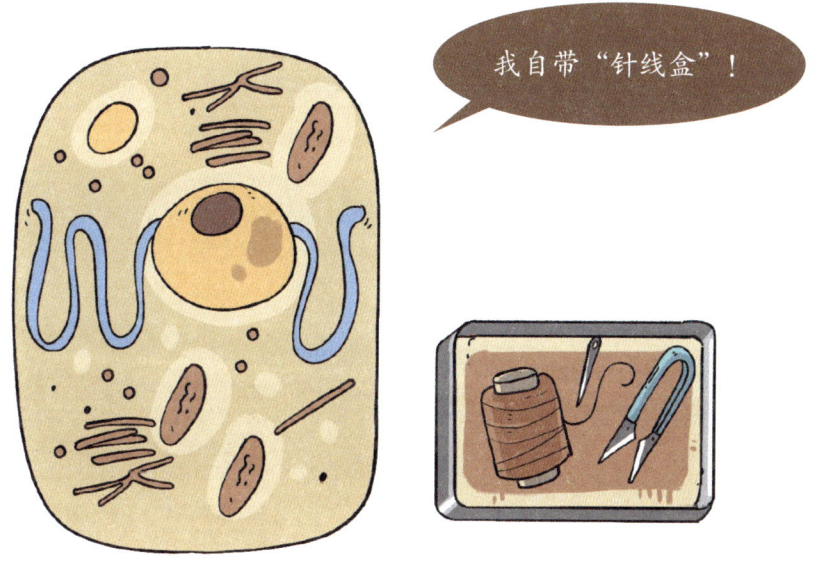

我自带"针线盒"！

　　DNA的修复机制已经存在亿万年之久了。面对外部严酷的生存环境和体内可能出错的DNA复制，如何才能让生命得以延续呢？因此，**修复机制**就显得尤为重要，必须时刻保护好DNA的完整性，并能及时修复受损的DNA。

145

改写生命的密码

20世纪90年代,科学家们发现细胞中有两套DNA的修复机制。

一套是**直接修复**,就是将DNA的两个断点直接黏起来。

直接修复简单快捷,但容易出错。可能会丢掉几个碱基(红色虚线),也可能会增加几个碱基(绿色实线)

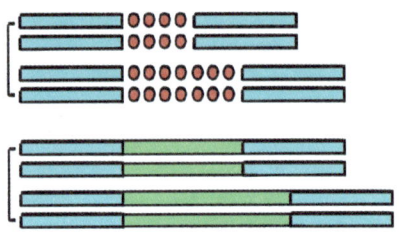

另一套是就近找到DNA断裂处的模板,**依样进行修复**。无论如何,科学家们都有这两种天然的"针线"可供选择。

模板修复非常精确,但附近必须有模板DNA(蓝色实线)

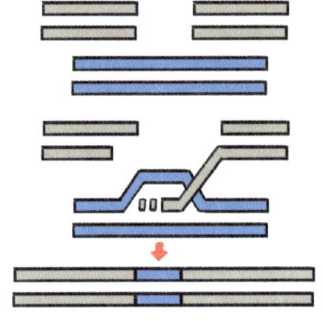

至此,基因编辑的三项关键技术就算基本具备了。

然而,时至今日,这项很神奇的基因编辑技术并没有改写无数病人的命运,这是为什么呢?

神奇的基因"剪刀"

上一章讲到，早在 20 世纪末，基于锌指核酸酶的基因编辑技术就已经开出了鲜花，可后来为什么没结出像样的成果呢？

原来，该项技术及其相关的临床应用等一系列专利，都被一家公司垄断，锁进了黑箱。

美国有比较健全的**专利保护制度**，他们通过专利法来保护发明者的创新成果。比如，发明专利的保护期限为申请日后的 20 年，在此期间专利持有人对发明成果独享权利，即禁止他人使用该专利。

有利于科技创新的专利保护制度

改写生命的密码

专利保护制度的初衷是保护和鼓励创新,显然这次是一个例外,所有相关科学家和从业者都失去了与这项基因编辑技术的联系。"小院高墙"很难结出甜美的果实。

不过,科技发展的车轮总是滚滚向前的。能否绕开专利堡垒,告别对锌指核酸酶的依赖呢?

21世纪初,科学家们发现了一类蛋白质,它们能够在不同的植物细胞中起到调节蛋白质合成的作用。它们叫"TALE",与"神话"的英文单词一样。

2009年，长期研究**"神话"蛋白**的德国细菌学家**乌拉·伯纳斯**认为，"神话"蛋白的工作原理与锌手指蛋白类似，从而揭开了"神话"蛋白的神秘面纱。

细菌学家 伯纳斯

锌手指蛋白大约用30个氨基酸对应DNA上的3个碱基；而"神话"蛋白用34个氨基酸对应1个碱基。

"神话"蛋白的优点在于它可以根据科学家的需要任意组装，像编写计算机程序那样简便。

改写生命的密码

2011年,美籍华人、青年科学家**张锋**,带领团队组装出全新的"神话"蛋白,可以精确地定位人类基因组。

同时,另一组科学家们证明,在全新的"神话"蛋白上组装基因剪刀后,可以合成"神话"核酸酶。它与锌指核酸酶类似,能够对人类DNA进行精确编辑。

然而,"神话"蛋白存在一个致命伤,就是效率太低了。上面讲到,每34个氨基酸定位一个DNA碱基,假如像锌手指蛋白那样定位21个碱基的话,则需要700多个氨基酸参与。

神奇的基因"剪刀"

　　如果让病毒 DNA 运送这样的信息到细胞内，每 3 个碱基对应一个氨基酸，则这段 DNA 片段的碱基数量要超过 2100 个，这明显超过了病毒的运载能力。事实上，这样超长的 DNA 片段也很难合成和提纯。

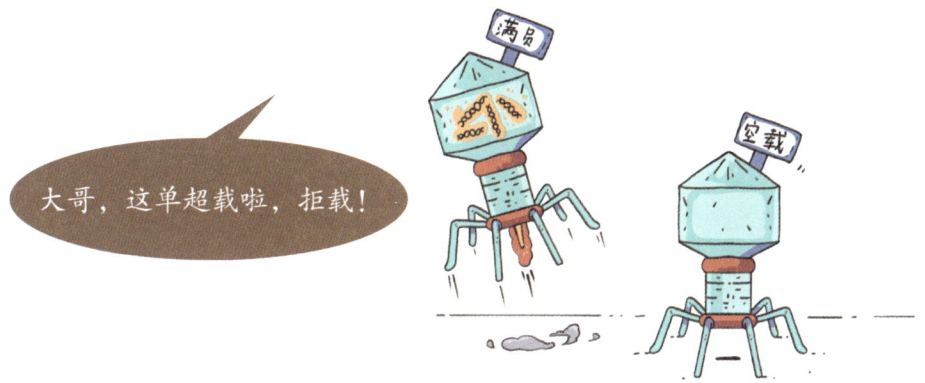

运输 DNA 片段的噬菌病毒

　　不过，科学家们很快就跳出了这样的困扰。

　　2012 年，一种存在于细菌体内，多次重复的 DNA 序列抢走了"神话"蛋白的风头，它的学术名称特别长，英文缩写叫"CRISPR"，很像保鲜盒的英文单词"crisper"。

在细菌的 DNA 上，多次重复出现的 DNA 片段（双线部分）

改写生命的密码

其实，CRISPR很早就被发现了。

1987年，科学家们在研究某种细菌时，发现它的DNA中有一段29个碱基的基因序列反复多次出现，中间被一小段来历不明的基因序列隔开。就像桥上的相同栏杆中间夹着不同的狮子一样，虽然有些奇怪，但科学家们当时也不以为意。

相同的栏杆中间夹着不同的狮子

几年后的1993年，西班牙生物学家**弗朗西斯科·莫西卡**，在另外一种细菌里，又一次发现了这种奇怪的重复基因序列，也就是后来被命名的CRISPR。

怪东西，你第二次出现了！

生物学家莫西卡

神奇的基因"剪刀"

完全不同的两种细菌中，居然有完全相同的重复基因序列，这让莫西卡感到有些不同寻常。

莫西卡再接再厉，他利用DNA数据库技术进行检索，发现其他微生物中也有同样的重复基因序列。到2000年，这样的微生物达到20种之多！此时，莫西卡意识到，CRISPR的出现不太可能是偶然现象。

那么这些重复的CRISPR到底有什么用呢？

153

改写生命的密码

直到 2005 年，在掌握了大量不同来源的 CRISPR 序列后，通过比对，莫西卡和他的同事们终于发现：原来 CRISPR 序列中间夹着的"不明"序列，与很多病毒的基因序列高度一致！

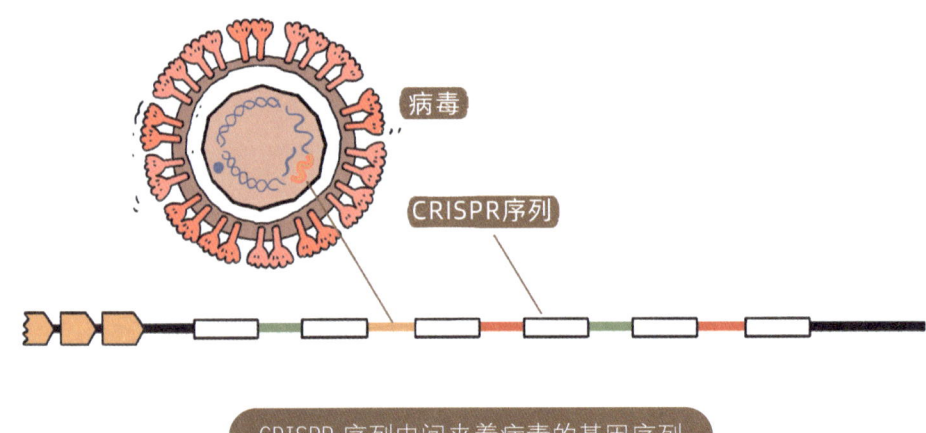

CRISPR 序列中间夹着病毒的基因序列

病毒的基因片段来到了被感染者——细菌的体内，这样的场景我们似曾相识，第二篇介绍的重组 DNA 不就是这样的过程吗？自然地，莫西卡想到：CRISPR 的作用是不是帮助细菌抵御病毒入侵的？

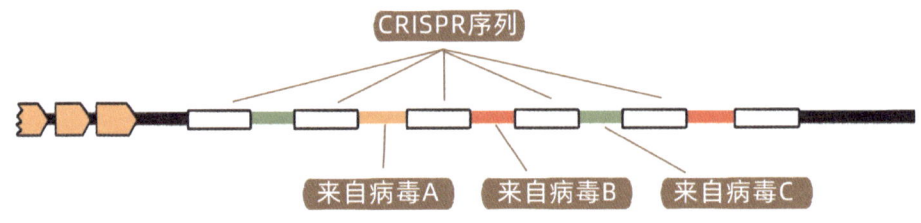

神奇的基因"剪刀"

这个"疯狂"的想法很快得到了验证。

2007年，科学家们发现，细菌被病毒感染后，侥幸存活下来的细菌就会保留一小段病毒的基因片段，并整合到自己的CRISPR序列之中，以便同样的病毒再次入侵时，可以准确识别和有效免疫。

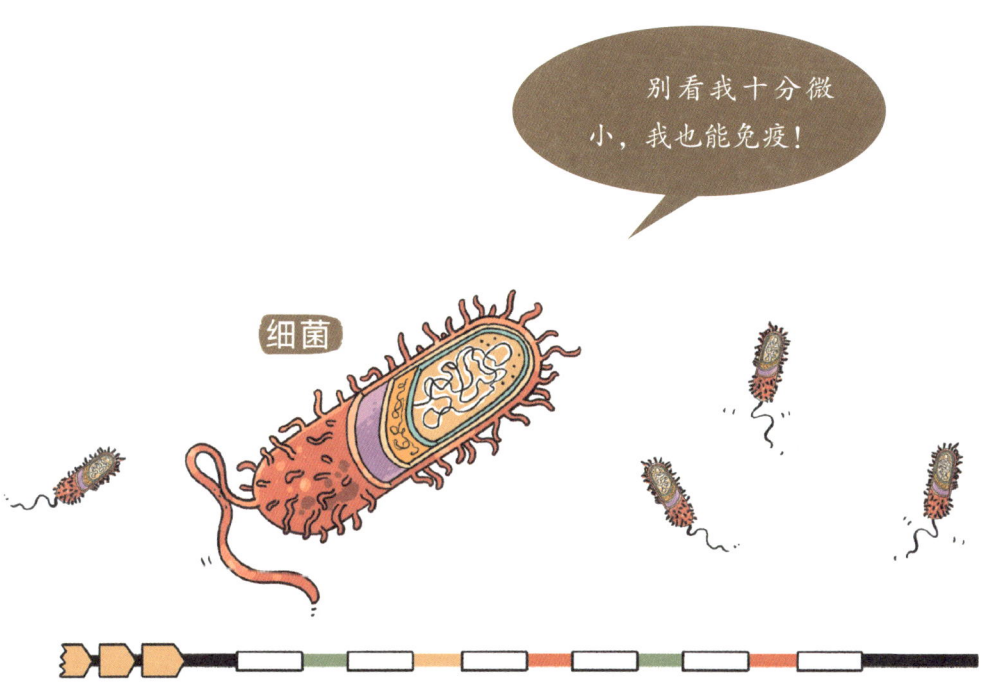

只有几微米大的细菌，居然也有和人类一样的免疫系统！它仅仅在自身的DNA上增加了一小段病毒基因，就达到了抵挡病毒入侵的效果。这样的机制，使得细菌具备了迅速适应和对抗新病毒的能力。

改写生命的密码

CRISPR 序列加上病毒的基因片段，是如何实现免疫功能的呢？

莫西卡 2005 年的发现，引起了美国结构生物学家**珍妮弗·道德纳**的兴趣，她希望通过 X 射线衍射的方法看清楚 CRISPR 的三维结构，并由此揭开 CRISPR 识别病毒 DNA 的谜底。

不过此后几年，道德纳的研究都没能取得进展。

直到 2011 年的一次国际会议上，道德纳遇到了法国微生物学家**埃玛纽埃勒·沙尔庞捷**，后者正在研究一种人类的致病细菌。

沙尔庞捷与道德纳

沙尔庞捷的实验发现：细菌中仅仅需要一种 **Cas 蛋白**和两段 RNA 分子，就可以识别和切割病毒的 DNA。

于是，道德纳与沙尔庞捷这两位女科学家开启了历史性的合作。

CRISPR 以及它"收藏"的病毒 DNA 片段都能被转录成 RNA。而 Cas 蛋白则是细菌细胞里的一类蛋白质，它们与 CRISPR 结合后，就变成了细胞里的巡逻"警察"，一旦发现可以配对的病毒 DNA 分子，"警察"就会启动 Cas9 蛋白的切割功能，从而破坏掉病毒的 DNA，起到杀灭病毒的作用。

改写生命的密码

原来，CRISPR 就是科学家们梦寐以求的超强基因"定位器"！

每当细菌受到病毒的入侵后，幸存下来的细菌，就将 CRISPR 连同一段病毒 DNA 整合到自身的染色体上，同时生成一对**"免疫搭档"**：一种 Cas9 蛋白和 RNA 分子。当相同的病毒再次入侵时，这对搭档能够根据 CRISPR 中病毒 DNA 片段的样子，精准识别这种病毒，并立即切割掉病毒中的这段 DNA 片段，从而杀死病毒，完成免疫工作。

也就是说：这套免疫系统的主要部分仅包括一段自带识别功能的 RNA 和一个自带切割功能 Cas9 蛋白质。因此，它被称为"CRISPR/Cas9 系统"。

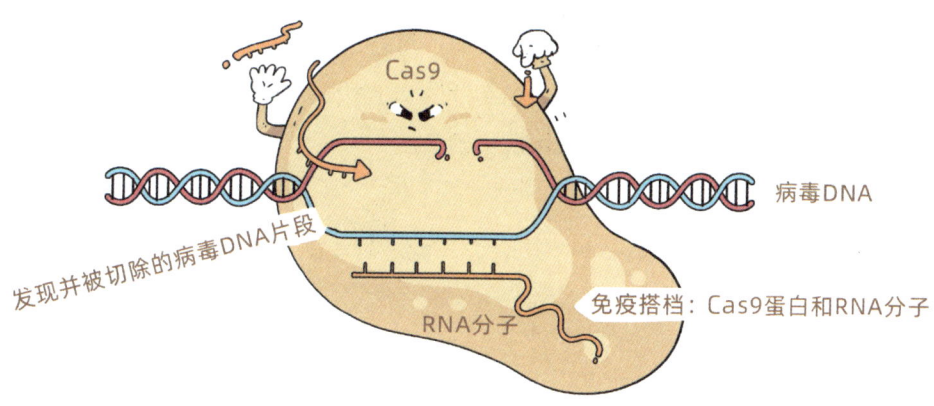

"免疫搭档"识别并切除病毒 DNA 片段

打个比方，Cas9 就像一把剪刀触发锁，锁芯就是 CRISPR 和病毒片段的 RNA，一条入侵病毒的 DNA 穿过锁眼，一旦病毒 DNA 的某个片段与锁芯完全一致，剪刀锁立即被打开，挥刀剪断入侵病毒的 DNA。

改写生命的密码

道德纳和**沙尔庞捷**研究的突出贡献在于：

第一，她们简化了基因编辑技术（CRISPR）系统；

第二，证明了需要 Cas 蛋白才能破坏病毒的 DNA；

第三，<mark>她们让基因编辑技术（CRISPR）系统突破限制，离开了细菌体内的细胞环境，在试管溶液中就能工作。</mark>从此，这些技术不再局限于细菌的世界，这是一项巨大的进步。

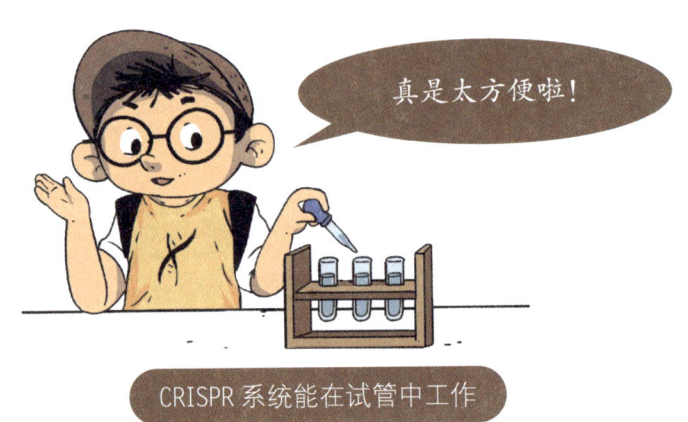

CRISPR 系统能在试管中工作

神奇的基因"剪刀"

2012 年，CRISPR/Cas9 系统被证明可以作为最新一代的基因编辑工具。科学家想切割某段 DNA 片段，就可以将它设计到向导 RNA 中，然后让 Cas9 蛋白指哪儿打哪儿，去切割目标 DNA。

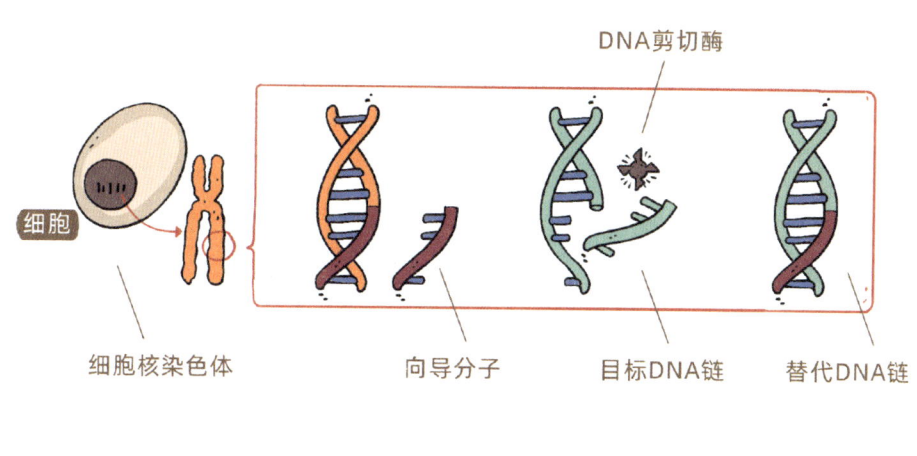

基因编辑的过程

向导 RNA 的碱基序列可与科学家希望替换的基因相匹配。向导 RNA 和 DNA 剪切酶进入细胞核后，切断目标 DNA，细胞的修复机制会重新连接切割末端，并在 DNA 中留下与向导 RNA 匹配的片段。这样一来，DNA 的碱基序列就出现了改变。

目前，基因编辑技术变得越来越精准，甚至可以替换一个碱基！

CRISPR/Cas9 系统十分高效，基因编辑的工作量只有"神话"核酸酶技术的百分之一，而此时距离"神话"核酸酶技术的出现才不过一年，CRISPR/Cas9 技术的出现就直接替代了"神话"核酸酶技术。

"神话"核酸酶技术下场，CRISPR/Cas9 技术上场

因此，除非特别说明外，"基因编辑"技术就是指 CRISPR/Cas9 及相关技术。

神奇的基因"剪刀"

道德纳的实验室，以及另外两个实验室——张锋和乔治·丘奇所在的实验室，相继证明了这个新方法的确能够作用于细胞。并且，**"基因编辑"技术**还十分简洁高效，这意味着这项技术在低成本和短周期上也具有巨大优势。

自此，人类获得了"造物主"的能力——可以修改"生命之书"啦！

改写生命的密码

当然，**"基因编辑"技术**的初始版本并非尽善尽美。

比如，切割就意味着先要破坏DNA，虽然所有细胞都有快速修复DNA的机制，但修复的速度优于准确度，修复过程比较粗糙，这导致修复后的碱基序列与原序列并不完全一致，经常会丢失一些功能。

> 呀，坏了，抄漏了一句。

一旦基因编辑成功地修改了DNA，改变将是永久的。

在停止分裂的细胞中，这种基因组的改变会和细胞终身相伴，如神经元细胞或心肌细胞。

在连续分裂的细胞中，遗传物质不断被复制，这种改变会在所有后代细胞中传递，直到永远！

基因编辑技术，简直是一把**"上帝"的剪刀**！

改写生命的密码

基因编辑技术通过改变基因,从而永久地改变生命体的性状,它甚至具备创造新物种的能力!正因如此,基因编辑被认为是 21 世纪最重要的生物技术突破。

它的重要性,不亚于 DNA 双螺旋结构的发现,它是生命科学的奇迹!

哇,生命的奇迹!

虽然基因编辑技术还处于迭代之中,但它已经走出实验室,正改变着动植物育种、医疗等领域。

创造生命的奇迹

前面讲到的**转基因技术**,你还有印象吗?是通过人工手段将外源基因引入到某一生物体的基因组中,从而改变生物体的基因组,以达到改良品种或赋予新特性的目的。

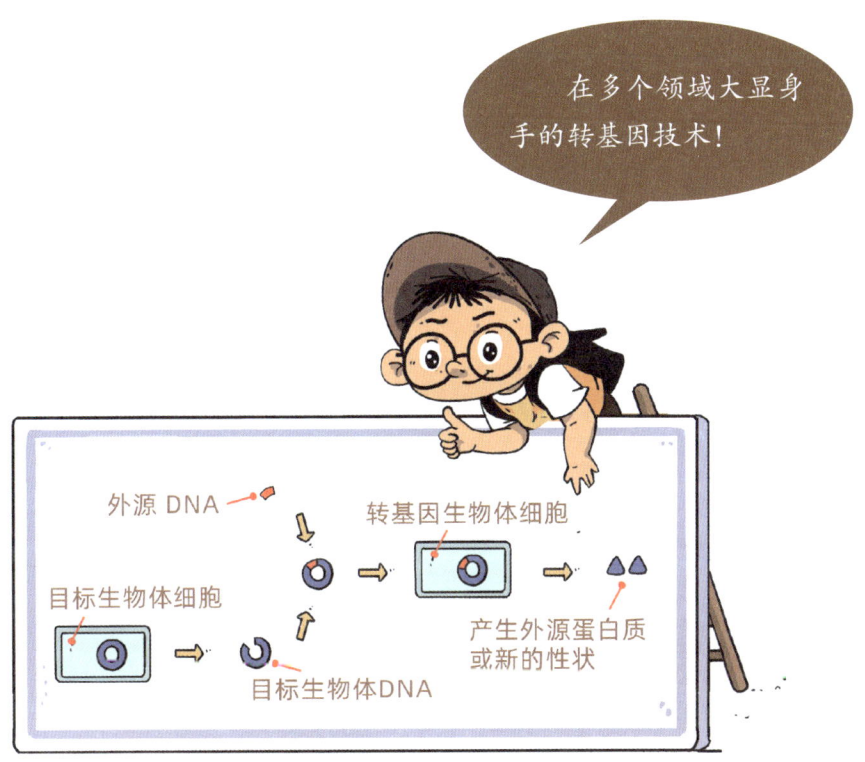

在多个领域大显身手的转基因技术!

这种技术不仅能让细菌帮助人类生产药物,还引发了动植物育种的革命,使得转基因作物和转基因动物的新品种大量涌现。

学术界早就科学地论证了转基因农业是无害的。然而,转基因农业一直备受争议。

改写生命的密码

反转基因人士担心：转基因农业制成的食物中可能携带"有害物质"——原本不存在于该食品中的外源蛋白质，可能引发人体中毒、过敏，甚至致癌。

其实这些外源蛋白质本来就存在于自然界中，只是被转基因技术"借用"了而已。它们如果在自然界中无害，借用之后怎么会有害呢？

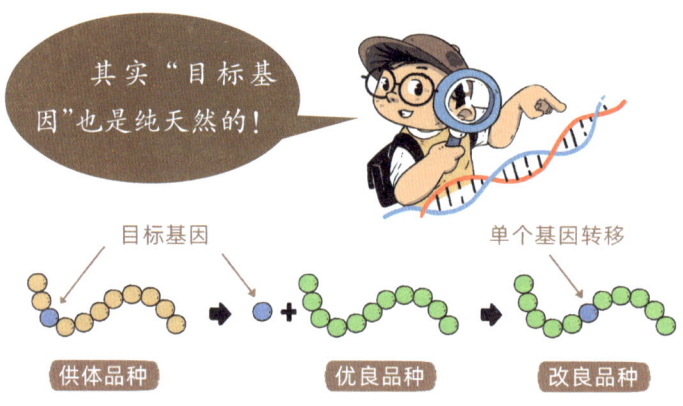

可是，偏见一旦产生，短期内就很难消除。

好在"破局者"终于出现了!它就是**基因编辑技术**。

引入外源基因可能有"危害",这是争议的焦点。假如只是"修改"动植物的基因,而没有引入任何外部基因,争议不就消失了吗?

比如,有一种白蘑菇的保鲜期很短,容易变成褐色,而褐变的罪魁祸首来自一种蛋白质——**多酚氧化酶(PPO)**。

2016年,美国的科学家通过基因编辑技术,删除了白蘑菇DNA中PPO的部分基因,使得蘑菇切开后也不会很快变褐,延长了其保鲜期。

改写生命的密码

　　2017年，中国和韩国的科学家利用基因编辑技术成功开发出了瘦肉型肉猪，这是基因编辑技术在农业领域的一项重要突破。科学家们的目标是增加猪的瘦肉比例，他们针对的是抑制肌肉生长的基因，通过敲除这些基因来促进肌肉的生长。

我喜欢吃瘦点的猪肉！

　　该技术不仅提高了猪的瘦肉比例和生长速度，还展示了基因编辑在畜牧业中的巨大潜力，为未来的农业生产提供了新的方向和思路。

大约 1 万年前，人类祖先开始培育小麦，这标志着人类进入农业社会。从此，人类开始了漫长的人工繁育动植物的历史。

就拿传统的植物育种来说，通过**异花授粉（杂交）**的方式培植新的植物品种，主要存在三个方面困难：

一是这个过程非常漫长，未必能筛选出令人满意的性状。

二是自然变异的概率很低，每一代育种只会带来很小的变化。

三是很难"鱼和熊掌兼得"。比如，在草莓的育种过程中，要想使草莓不易腐烂，它就会变得寡淡无味，也就是说，在剔除腐烂基因的同时也会带走美味基因！

改写生命的密码

传统育种困难，恰恰是基因编辑技术的优势！

基因编辑不需要经历漫长的选育过程，可以快捷地带来明显的性状变化，并且实现"指哪儿打哪儿"的基因修改效果。

在自然育种条件下这些基因的改变也会发生，基因编辑只是大大加快了整个进程。

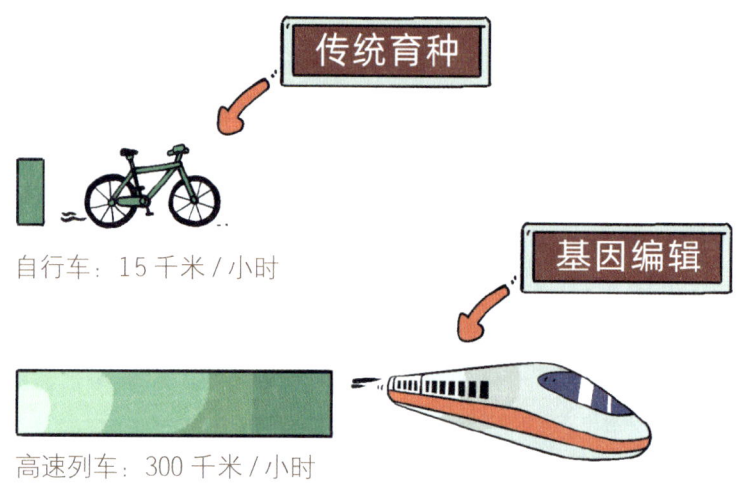

自行车：15千米/小时

高速列车：300千米/小时

因此，美国监管机构认为，既然能接受传统育种带来的基因变化，就能接受基因编辑技术带来的无法区分的基因变化。

2018年，美国农业部发表声明，不再对基因编辑作物进行监管。

基因编辑有哪些优势呢？基因编辑技术可以带来健康。

比如，全球大约有1%的人对小麦中的一种特定**蛋白质过敏**，导致患者腹泻、呕吐等症状。西班牙的科学家们利用基因编辑技术，灭活了产生这种蛋白质的大部分基因，从而消除了这种蛋白的危害。

基因编辑技术

基因编辑技术也能降低食品的生产成本。

比如，传统的啤酒酿造过程中需要使用啤酒花。美国的科学家们利用基因编辑技术，让啤酒酵母产生出了与啤酒花一样的风味！这大大降低了啤酒的生产成本。

能产生啤酒花风味的啤酒酵母

改写生命的密码

基因编辑技术还能克服不利环境实现高产。

比如，大米是世界上一半以上人口的主食，但水稻对生长环境的要求苛刻，即便科学家们已经培育出了抗旱耐盐的水稻品种，但产量却不理想。

中美联合研究团队利用基因编辑技术，培育出了既能抗旱耐盐又能高产的水稻。

全球有 20% 以上的耕地含盐量很高，土地荒漠化也越来越严重，大约 10 亿人的口粮受到威胁。因此，基因编辑农作物能让很多人不再挨饿。

除了农作物,实际上,基因编辑技术也同样改变了畜牧业。

有一种传染性恶性病毒,母猪一旦被感染,其哺乳的小猪几乎都会因严重的腹泻和呼吸道感染而遭殃。这种病毒长期困扰着畜牧业,并在世界范围内造成严重的经济损失。

英国的科学家们利用基因编辑技术,巧妙地将病毒与猪细胞结合的点位移除,从而使基因编辑后的小猪获得免疫,这种抵抗力还能稳定地遗传给后代!

基因编辑猪肉已经上了餐桌!

改写生命的密码

2017年,中国的科学家们利用基因编辑技术繁育出了**抵抗结核病**的牛。他们找到了一个可以对抗病原体的基因,并对其进行了基因编辑,显著提高了牛的免疫反应能力,使其更具抵抗结核病的能力。

基因编辑抗结核病小牛

在中韩科学家成功获得瘦肉比例更高的瘦肉型猪之后,基因编辑技术再次展现了它的威力。在陆续降低了其他牲畜体内的肌肉生长抑制素后,人们获得了肌肉发达的羊、牛和兔子等其他瘦肉型牲畜。

嚯,这一身的腱子肉!

除了在农业领域——种植和养殖的育种上引发了一场革命外,基因编辑技术正在制药和医疗领域发挥着越来越重要的作用。

大多数人们熟知的药物都是**小分子药物**,如阿司匹林、黄连素等,它们可以通过化学反应很容易地合成。

然而,现在越来越多的药物是**生物制剂**,它们是存在于生物体内的大分子,如治疗糖尿病的胰岛素、治疗类风湿关节炎的抗体等。

大分子的**生物制剂**往往价格高昂,原因是它们的结构过于复杂,只能在活体细胞中通过生化反应才能合成。

改写生命的密码

自 20 世纪 80 年代，虽然一些生物制剂可以由基因改造之后的细菌生产，比如胰岛素就来源于细菌或者酵母。

生物制药——利用细菌和酵母生产药物

然而，细菌的细胞不如动物的细胞复杂，合成不好复杂的蛋白质。而如果让高等动物的细胞合成这些复杂的蛋白质，则相关蛋白质的浓度又不够，导致制药成本很高。

简易工厂与超级工厂的区别！

细菌细胞（左）和动物细胞（右）

因此，在制备复杂蛋白质制剂的问题上，科学家们只能另想他法。

基因编辑技术的机会来了！

用于制药的动物细胞最好要易于基因编辑、具备高效率的生成能力、不必宰杀动物、可反复长期利用。没想到，这种理想的动物细胞竟然随处可见，它就是**鸡蛋**！

比如，日本的制药公司利用基因编辑技术培育出所产鸡蛋中富含 β-干扰素的母鸡。用这种方法生产的 β-干扰素不仅可以治疗多发性硬化症，成本还降低了 90%。

基因编辑培育药用鸡蛋的简化过程

这简直是"下金蛋"的鸡啊！

改写生命的密码

有时,为了挽救患者的生命,患者重要的脏器必须进行**器官移植**,比如肝脏、肾脏、心脏、肺脏等。然而,大部分患者都在等待捐赠器官的过程中抱憾离世。

假如不依赖于人类器官,而改用动物的器官呢?这种被称为**"异种器官移植"**的器官移植方式,一直是移植专家们的梦想。

猪的器官在大小和结构上与人体接近,生理上也相似,因此,如果异种器官移植可行,那么猪无疑就是最佳之选了。

然而，几乎所有哺乳动物的 DNA 中都潜伏着病毒基因。这些病毒长期"潜伏"，因此，也被称为**休眠病毒**。它们只等待一个合适的时机从沉睡中苏醒，给病毒携带者以致命一击，或者将病毒传播出去。因此，接受猪脏器移植手术后的患者，很可能会被这些病毒感染。

乔治·丘奇教授是美国的基因工程学家，他的科研团队利用基因编辑技术，基本切断了病毒从猪细胞传播到其他细胞的可能性。

改写生命的密码

2017年，乔治·丘奇和他的团队把基因编辑和克隆技术相结合，培育出编辑后的新品种猪，休眠病毒不会被激活。

同时他预言：未来10年，也许能看到人类猪心移植手术的成功。

可用于器官移植的新品种猪

猪的器官用于人类器官移植的发展进程比丘奇教授预想的还要快！

2022年1月，美国马里兰大学医学中心完成了世界**首例猪心移植手术**。一位57岁男性患者的心脏被经过基因编辑的猪心成功替换了。

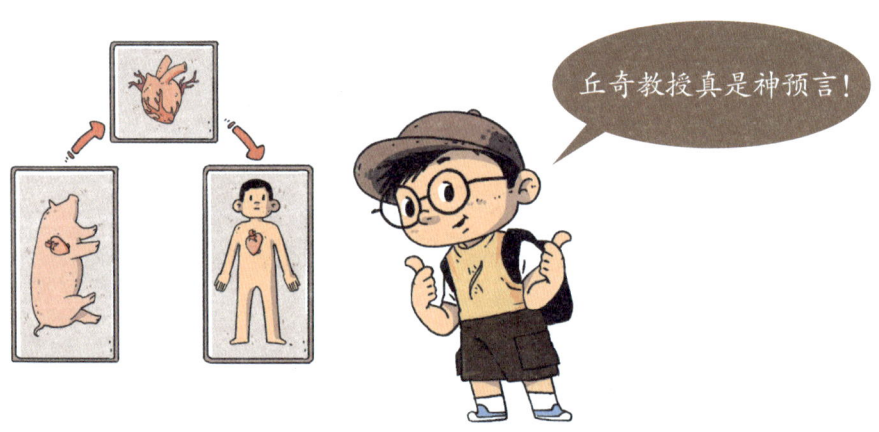

2024年5月，安徽医科大学完成了全球首例异种肝脏移植手术，将一颗基因编辑后的猪肝脏移植给了71岁的男性肝癌患者。

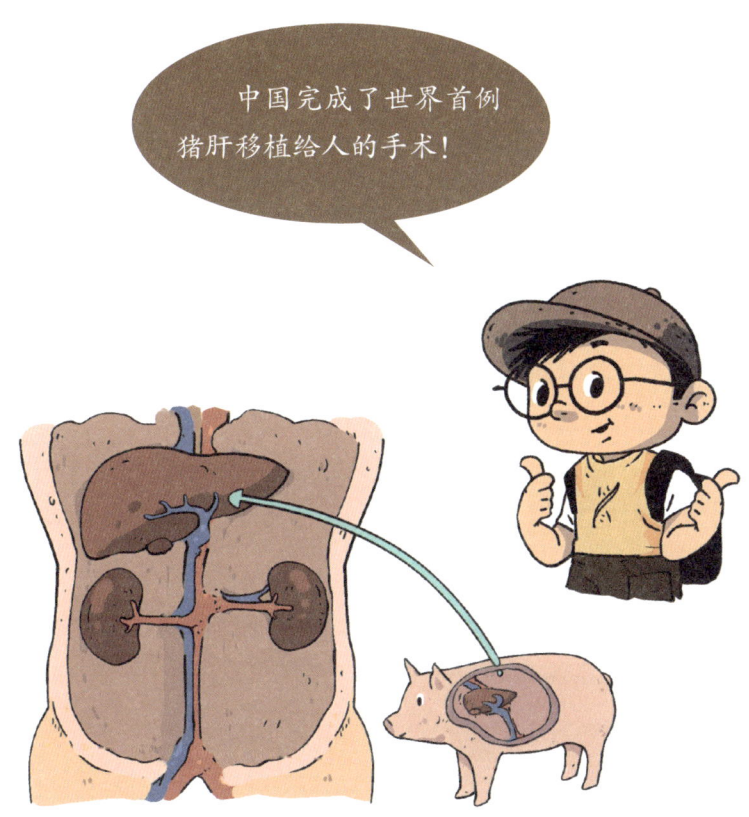

中国完成了世界首例猪肝移植给人的手术！

另外，基因编辑技术在癌症的研究和治疗中也取得了很大进展。

2016年，四川大学的科研团队使用基因编辑技术对T细胞进行基因编辑，用于治疗一种肺癌。T细胞是淋巴细胞的一种，在免疫过程中扮演着重要的角色。

改写生命的密码

研究人员提取患者的 **T 细胞**，利用基因编辑技术敲除掉一个抑制 T 细胞攻击癌细胞的基因。编辑后的 T 细胞（**CAR-T 细胞**）被回输到患者体内，增强了患者免疫系统对抗癌细胞的能力。

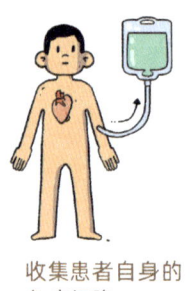

免疫细胞采集

收集患者自身的免疫细胞

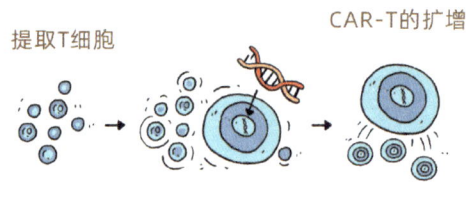

T细胞基因编辑与扩增

提取T细胞

CAR-T的扩增

基因编辑，使T细胞具有CAR结构

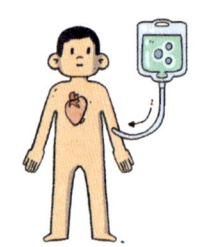

回输到患者体内

将扩增的CAR-T细胞回输到患者体内

2020 年，中国复旦大学的研究团队利用基因编辑技术修复 TP53 基因突变，这个基因突变在许多癌症中都很常见。实验结果显示：修复后的 TP53 基因恢复了抑制肿瘤的功能。

未来，基因编辑技术在癌症治疗中将有更加广阔的前景和巨大的潜力。

在识别患者特定的突变基因后，基因编辑技术可以进行个性化的基因编辑治疗，还可以同时编辑患者的多个基因，增强治疗效果，并减少癌细胞逃逸的可能性。

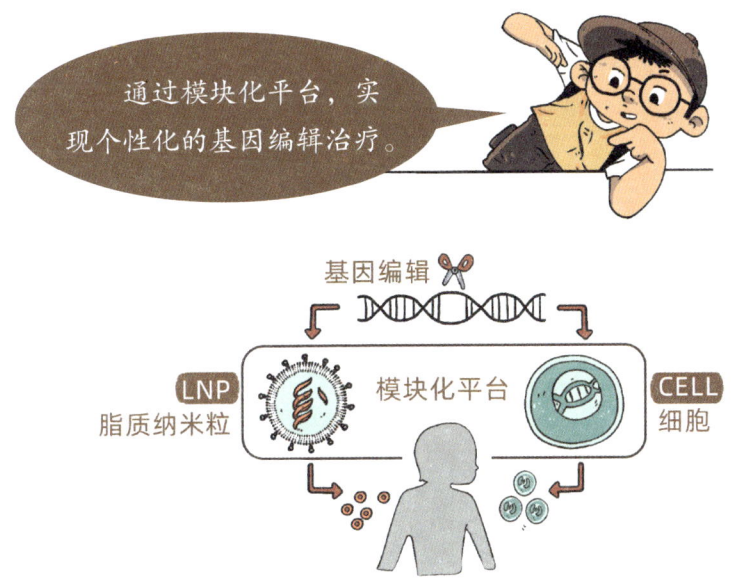

通过模块化平台，实现个性化的基因编辑治疗。

在发展潜力上，基因编辑技术可以开发出更加安全和高效的基因编辑载体，如纳米颗粒等。还可以研究如何将基因编辑技术应用于全身治疗，而不仅限于局部或特定细胞的编辑。

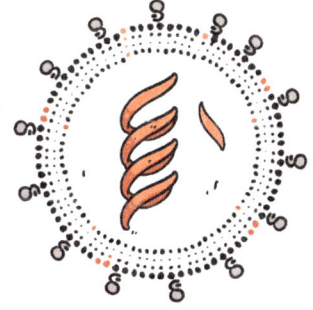

运送信使 RNA 的纳米颗粒

改写生命的密码

目前，已知至少有1万种人类疾病是由单基因的缺陷引起的。我们有没有可能修改人体每个细胞的DNA呢？答案是不太现实，或者说还相当遥远。

最可行的方案是直接对人类的**生殖细胞**进行编辑，只需要修改一个细胞，胚胎长大成人后，构成身体的几十万亿个细胞内的遗传物质都得到了修改。而且，这样的修改还会成为人类基因库中的一分子，永久遗传下去！

对于未来的人类来说，这到底是福还是祸呢？

知识延展：T 细胞

1961 年，**雅克·米勒**在研究小鼠的过程中发现，移除小鼠的**胸腺**会导致严重的免疫缺陷。这一发现提示胸腺在免疫系统中起着重要作用。

生物学家米勒

随着研究的深入，科学家们发现胸腺是 **T 细胞**发育和成熟的场所。T 细胞的命名也源于其在胸腺中的发育过程。T 细胞具有直接攻击感染细胞和调节其他免疫细胞的功能。

20 世纪 80 年代，科学家们发现了 **T 细胞受体**，这是 T 细胞识别抗原的关键分子。

T 细胞不仅能对抗病毒的感染，也能对抗细菌和寄生虫感染。

特别的是：T 细胞能够识别并杀伤异常的肿瘤细胞，发挥肿瘤免疫监视作用。因此，它是免疫系统预防癌症的一道防线。

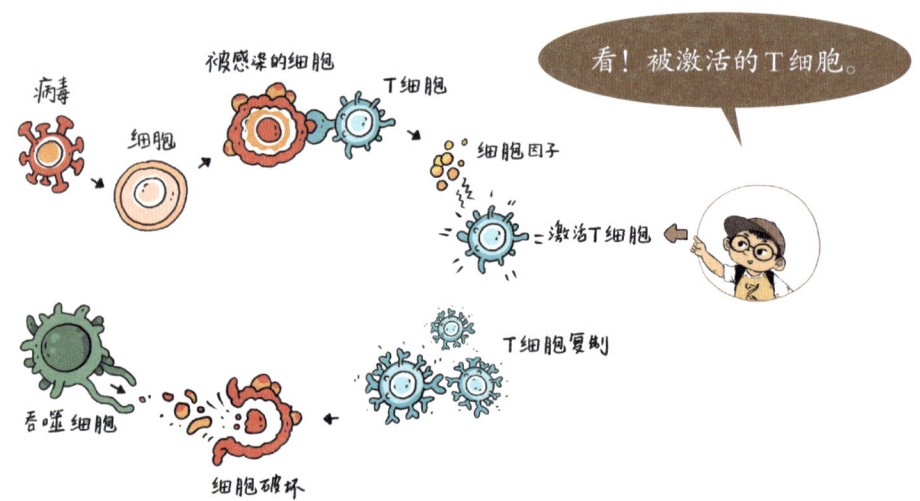

科学家们将患者的 T 细胞进行基因编辑改造，使其表达嵌合抗原受体（CAR），能够特异性识别并杀伤肿瘤细胞，叫作**"CAR-T 疗法"**。这是一种创新的个性化癌症治疗方法，有望在癌症治疗中得到广泛应用。

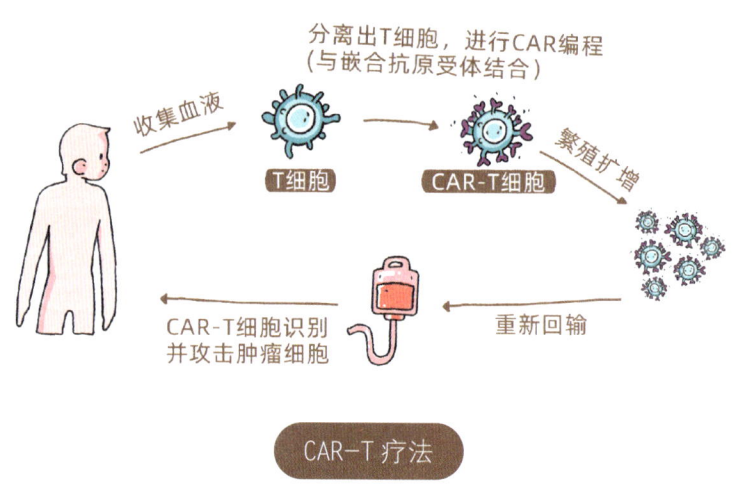

CAR-T 疗法

后　记

　　基因重组让我们窥探到生命的神奇奥秘。通过改变生物的基因，我们不仅能提升农作物的产量，还能治愈一些曾经无法治愈的疾病。基因编辑的力量让我们对未来充满无限期待。

　　未来，基因编辑技术将创造出新的生命体，甚至能让人类的寿命延长，这就是基因技术的"魔力"，它让不可能成为可能。

　　聪明的你，会成为主导未来生物技术的主角吗？